수학이 풀리는 수학사

3 근대

수학이 풀리는 수학사

3 근대

로그와 미적분 × 지구를 넘어 우주의 수학으로

곰곰

나의 든든한 버팀목이 되어주시는 어머니,

인생의 동반자인 남편과 소중한 선물 송하에게

수학이 즐거워지는 수학사 공부

《수학이 풀리는 수학사》는 여러분이 수학을 공부하면서 항상 궁금해하는 다음 두 질문에서 시작합니다.

'수학은 왜 배워야 할까?'

'수학을 잘한다는 것은 무슨 의미일까?'

이 책은 두 질문의 답을 역사 속에서 찾습니다.

수학은 왜 배워야 할까요?

수학을 어려워하는 학생에게 수학 학습이 힘든 이유를 물으면 많은 학생이 '왜 배워야 하는지 모르겠어요'라고 대답합니다. 방정식, 함수, 그래프 등 수학의 개념들은 이해하기도 어려울뿐더러 힘들게 배워도 우리가 살아가는 데 별 필요가 없는 것처럼 느껴지기 때문이겠지요.

하지만 수학의 개념, 원리, 법칙 들은 우리가 살아가는 세상과 밀접한 관련이 있습니다. 또 모든 수학의 개념, 원리, 법칙 들이 만들어진 데에는 역사적·수학적·과학적 배경이 있지요. 우리가 수학을 왜 배워야 하는지 모르는 이유는 이러한 배경에 대한 이해 없이 만들어진 결과만을 배우려고 하기 때문이에요. 수학은 살아가면서 생겨나는 여러 가지 문제를 해결하기 위해, 예컨대 전염병을 막거나 전쟁에서 승리하기 위해, 넓은 우주를 이해하기 위해 다양하게 발전해왔습니다.

《수학이 풀리는 수학사》는 수학이 만들어진 배경에 관한 이야기를 담고 있습니다. 고대부터 중세와 근대를 지나 지금에 이르기까지, 역사의 흐름 속에서 수학이 어떻게 만들어지고 사회를 변화시켰는지를 설명하지요. 그 안에서 만들어진 수학 개념들이 이후 어떻게 확장되어 현재에 이르렀는지에 대한 보충 설명과 함께 말이에요. 여러분은《수학이 풀리는 수학사》를 통해 수학이 어떻게 만들어졌고, 우리의 생활을 어떻게 변화시켰는지를 확인하면서 수학을 배워야 할 필요성을 이해할 수 있을 거예요.

그렇다면 수학을 잘한다는 것은 무슨 의미일까요?

수학을 잘하기 위해서는 수학의 개념, 원리, 법칙 들을 잘 이해해야 합니다. 그런데 수학 시험에서 100점을 받는다고 해서 그 사람이 수학을 잘한다고 할 수 있을까요? 그렇다면 세계에서 수학을 가장 잘하는 사람은 가장 어려운 문제를 푸는 사람일까요?

수학자들은 수학의 개념, 원리, 법칙 들을 활용해 새로운 문제 풀이 방법을 만들거나 새로운 개념, 원리, 법칙 들을 만듭니다. 새로운 수학적 방법과 개념을 만들어내는 것은 수학의 정의를 암기하고 수학 문제를 열심히 푼다고 해서 기를 수 있는 능력이 아니에요. 내 주변 생활, 나아가 우리 사회가 어떤 문제점을 가지고 있으며 이 문제점을 수학적으로 어떻게 해결할 수 있는지에 대한 안목이 있어야 하지요. 따라서 수학을 잘하기 위해서는 수학의 개념, 원리, 법칙 들을 이해할 뿐 아니라 우리가 살아가는 사회의 현상들과 그 문제점을 파악할 수 있어야 합니다. 이 책은 수학자들이 수학으로 이 세상을 변화시킨 과정을 소개합니다. 흥미진진한 역사 속 수학 이야기들을 통해 여러분은 수학을 잘한다는 것이 무슨 의미인지를 이해할 수 있답니다.

수학은 교과서에 있는 기호와 공식이 아닙니다. 역사와 사회, 우리의 생활 속에서 살아 숨 쉬는 중요한 원리이지요. 《수학이 풀리는 수학사》를 통해 수학을 새롭게 발견해나가는 탐구의 기쁨을 경험할 수 있기를 기대합니다.

2021년 3월

김리나

차례

c
b
θ
a

프롤로그

유럽 역사에서 근대는 왕의 통치가 끝나고 시민 사회가 성립되는 시기를 지칭한다. 근대가 정확히 언제부터 시작되는가에 관해서는 여러 가지 견해가 존재하지만 일반적으로 산업혁명 이후를 근대라고 한다. 산업혁명은 약 1760년에서 1820년 사이에 제조 기술의 변화로 영국에서 시작된 사회, 경제 등의 큰 변화를 일컫는다.

산업혁명의 발생 배경에는 과학의 비약적인 발전이 있다. 15, 16세기 서구에서 일어났던 르네상스 운동은 문화뿐 아니라 고대 그리스 과학에 대한 새로운 연구를 가능하게 했다. 그 결과 16, 17세기를 거치는 동안 그리스 시대의 과학을 뛰어넘어 새로운 근대 과학 체계가 형성된 것이다. 이러한 근대 과학은 수학의 발달, 즉 수학적 분석과 예측을 토대로 한다.

산업혁명과 함께 유럽 사회에서는 민주주의와 자본주의가 생겨났고, 개인을 존중하는 문화가 성립되었다. 그중 프랑스 혁명은 왕과 귀족 중심의 사회가 붕괴되고 시민 사회가 성립되는 전환점이었다. 특히 프랑스 혁명 속에서의 수학은 왕의 권한을 무력화하고 평등한 사회를 만드는 데 중요한 역할을 한다.

《수학이 풀리는 수학사 3 **근대**》는 근대 사회의 발전 과정에서 수학의 역할에 대해 살펴본다. 근대의 변화 속에서 수학은 어떻게 이러한 변화를 이끌었고, 또 어떻게 발전해왔는지 격동의 근대 유럽으로 떠나보자.

1

음수와 허수

음수와 허수는
언제부터 쓰기
시작했을까?

Univers.Bibl.
Gerichts-Geb.
Theater
Börsen-Garten
Drei Kronen Loge
General-Kommando
Kunst- u. Gewerbe-Museum
Kgl.
Landrats-Amt
Kunst-Akademie
Altstädt.
Königl. Schloß
-3
+3
Altst. Gymnas.
Mennoniten-Beth
Alte Stadt
Löbenicht
Städt. Realgymn.
Ehemal. Löbenicht Hospital
Rathaus
Kneiph. Gymnas.
Dampf-Schneidemühle
Neue Synagoge
Sattler-Pl.
Kneiph. Holzplatz
Alte Synagoge
Synagogenstr.
Jahrmarkts-Pl.
Steinfurt'sche Eisengießerei
Maschinen-Fabrik
Volksbrausebad
Salz-Magazin
Volks-Schule
-1
□×□=?
Taubstummen-Anst.
Baptist-Kap.
Artillerie-Ökonomie-Gebäude
Vieh-Markt
Schulen

중세 후기의 르네상스는 이탈리아를 중심으로 일어났다가 점차 프랑스, 영국 등 서유럽 쪽으로 전파되었단다. 서유럽은 인간의 권리를 신장하려는 여러 혁명이 일어났고, 경제 발전을 가속화하는 기계들이 발명되면서 수학을 발전시킬 수 있는 사회적 조건이 마련되었어. 또 긴 겨울의 추위와 어둠을 극복할 수 있는 난방과 조명 기구 들이 발명되어 학자들이 1년 내내 연구할 수 있는 환경도 조성되었지.

이 시기에 수학자들은 이러한 연구 환경을 바탕으로 놀라운 수학적 발명을 이룩해내게 돼. 수학의 역사에서 인도-아라비아 숫자의 발명을 첫 번째 계산의 혁명이라 하는데, 두 번째 계산의 혁명인 소수의 발명이 이 시기에 이루어진단다. 또 자연수와 분수 이외에도 0.12와 같은 소수, 존재하지 않는 상상 속의 수인 허수가 만들어지지. 계산과 수 체계의 놀라운 변화는 근대 수학의 시작을 알렸어.

수학사에서 가장 빛나는 시기로 손꼽히는 근대에 어떤 수학의 발전들이 있었는지 살펴보자.

계산의 혁명, 소수

중세가 저물고 근대가 시작하면서 유럽 사회의 상공업 발달은 계산 방법의 변화를 이끌어냈다. 1600년대에는 계산의 두 번째 혁명이라고 일컬어지는 소수가 발명된다. 소수는 분수를 위치 기수법의 형태로 나타낸 것이다. 위치 기수법이란 숫자를 쓰는 위치에 따라 수의 크기가 정해지는 것을 의미한다. 예를 들어, 9라는 숫자를 100의 자리에 쓰면 900이 되고, 10의 자리에 쓰면 90을 나타낸다.

분수는 자연수와 함께 고대부터 사용하던 수 체계다. 특별히 필요에 의해 고안한 것이 아니라, 나눗셈이 발달하지 않았던 때에는 $1 \div 4$를 계산하는 것보다 $\frac{1}{4}$이라고 쓰는 것이 더 수월했기 때문에 사용했다. 그러나 상업이 발달하고 계산해야 할 수들이 다양해지면서 분수로 모든 수를 계산하기에는 한계가 있었다.

소수를 발명한 사람은 시몬 스테빈(1548~1620)이다. 1500년대 후반 에스파냐의 식민지였던 네덜란드는 독립 전쟁을 하고 있었다.

시몬 스테빈 네덜란드의 수학자로, 소수를 발명했다.

네덜란드는 전쟁에 필요한 돈을 조달하기 위해 빚을 냈는데, 그 빚을 책임진 사람이 바로 시몬 스테빈이었다.

당시에는 빚에 대한 이자를 $\frac{1}{11}$, $\frac{1}{12}$처럼 분수로 나타냈었기 때문에 매달 이러한 분수들을 계산해야 하는 스테빈은 골치가 아팠다. 그러던 어느 날 스테빈은 분모가 10, 100, 1000과 같이 10의 배수일 때 분수의 계산이 훨씬 쉽다는 사실을 깨달았다. 또한 $\frac{1}{11}$, $\frac{1}{12}$은 비슷한 값인 $\frac{9}{100}$, $\frac{8}{100}$로 계산하는 것이 더 편리했다. 스테빈은 이러한 내용을 정리해 이자 계산하는 방법에 대한 책을 내기도 했다.

직접 만든 이자 계산표를 가지고 계산해나가던 스테빈은 $\frac{2735}{10000}$와 $\frac{2735}{100000}$의 크기가 혼동되는 불편함을 느꼈다. 지금이야 분모가 더 큰 분수가 더 작다는 것을 쉽게 알 수 있지만, 당시에는 이러한 수에 대한 개념이 체계적으로 발달하지 못했다. 그는 이러한 분수들을 쉽게 구분할 수 있도록 $\frac{2735}{10000}$를 2①7②3③5④로 나타내기로 했다. 지금의 소수 표기와는 다르지만 ①은 소수 첫째 자리, ②는 소수 둘째 자리, ③은 소수 셋째 자리, ④는 소수 넷째 자리임을 알 수 있다. 이처럼 스테빈은 소수점 이하의 수들을 최초로 표기함으로써 현재 소수 표기의 토대를 마련했다.

소수점의 발명

스테빈이 분수를 소수로 나타내는 방법을 발명했으나 소수점 자리를 매번 표시하자니 번거롭기도 하거니와 실제 숫자와 자릿값이 헷갈렸다. 이러한 불편함을 없애고자 곱셈 기호를 발명한 윌리엄 오트레드(1574~1660)는 1631년에 쓴 《수학의 열쇠》에서 0.2735를 0|2735라고 나타내기도 했다. 이 표기법은 스테빈의 표기법보다는 간단했지만 여전히 불편했다. |과 숫자 1이 혼동되었기 때문이다.

존 월리스(1616~1703)는 소수의 개념을 수학적으로 정확히 설명하고, 소수점을 처음 사용했다. 월리스는 소수점 외에도 0, 음수, 분수, 지수의 의미를 설명하는 책을 내는 등 수학의 발전을 위해 끊임없이 연구했다.

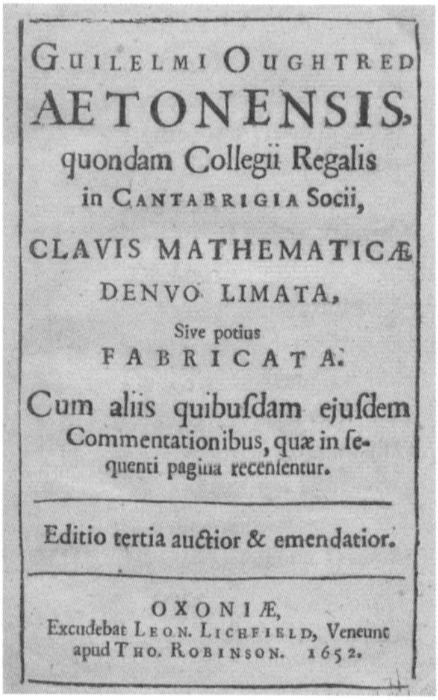

GUILELMI OUGHTRED
AETONENSIS,
quondam Collegii Regalis
in CANTABRIGIA Socii,
CLAVIS MATHEMATICÆ
DENVO LIMATA,
Sive potius
FABRICATA:
Cum aliis quibusdam ejusdem
Commentationibus, quæ in sequenti pagina recensentur.

Editio tertia auctior & emendatior.

OXONIÆ,
Excudebat LEON. LICHFIELD, Veneunt
apud THO. ROBINSON. 1652.

윌리엄 오트레드(왼쪽)와 《수학의 열쇠》(오른쪽) 오트레드는 곱셈 기호 ×를 처음 만들어 사용한 수학자다. 그가 쓴 《수학의 열쇠》는 수학 기호의 역사에서 아주 중요한 책으로, 17세기 말경까지 널리 사용되었다. 수학 기호 중 부정(not)의 ~, 곱셈의 ×는 이 책에서 처음 사용되었다.

처음에는 월리스 역시 소수를 0|2735와 같이 썼지만 점차 소수점을 사용하면서 그 편리함을 깨달았다. 이후 200여 년이 지나서야 오늘날과 같은 소수점을 사용하게 되었다.

오늘날 소수점을 찍는 원리는 같지만, 소수점을 찍는 원칙이 전 세계적으로 통일된 것은 아니다. 수학에서 사용하는 단위와 기호들이 대부분 전 세계에서 공통적으로 사용된다는 것을 생각해보면 뜻밖이라 할 수 있다.

존 월리스 영국의 수학자로 소수점을 처음 사용했다.

우리나라를 비롯해 일본과 미국에서는 1.234와 같이 소수점을 찍는다. 그러나 영국은 1·234와 같이 숫자의 사이에 가운뎃점을 찍어 소수를 나타낸다. 또 프랑스와 독일 등에서는 1,234와 같이 콤마를 사용해 소수점을 찍는다.

음수의 사용

16세기경에는 수에 대한 개념이 더욱 다양해지면서 음수를 사용하게 되었다. 음수는 -1, -2처럼 0보다 작은 수를 뜻한다. 한편 0보다 큰 수는 양수라고 한다.

과거 사람들은 0보다 작은 수를 생각하지 못했다. 아무것도 없는 것보다 더 작은 것을 떠올릴 수는 없다고 믿었기 때문이다. 그러나 계산이 복잡해지면서 0보다 작은 수를 정확하게 표현하는 방법이 필요해졌다. 2-3과 2-5의 값은 모두 0보다 작지만, 수학자들은 0보다 정확히 얼마가 더 부족한지 나타내고 싶어했다.

뺄셈 기호를 처음 사용한 요하네스 비드만은 뺄셈 기호를 '부족한 수'라는 뜻으로 사용하면서 음수의 의미를 어렴풋하게 표현했다. 비드만과 동시대에 살았던 루카 파치올리(1445?~1510?)는 "마이너스에 마이너스를 곱하면 플러스가 된다"라고 설명하면서 음수에 대해 좀 더 정확한 이해를 보였다.

1500년대 초 독일 수학자 미하엘 슈티펠(1486~1567)은 음수를 '없는 것보다 작은 수'라고 표현했고, 영국의 수학자 토머스 해리엇(1560~1621)은 $2x+8=-5$라는 수식을 내놓았다. 해리엇의 수식은 어떤 두 수를 더했을 때 항상 양수가 나오는 것이 아니라 0보다 작은 수가 나올 수 있다는 사실을 나타낸 것이다. 이렇게 음수의 개념이 점차 체계화되어갔다.

음수를 먼저 찾아낸 인도

인도-아라비아 숫자를 발명한 인도는 음수에 대한 연구도 서양에 앞섰다. 바스카라(1114~1185)라는 인도의 수학자는 1100년대에 이미 음수의 개념을 이해하고 있었다.

바스카라는 양수와 음수의 관계를 '재산'과 '빚'의 관계로 표현했다. 예를 들어 +10일 때는 재산이 10원이고 -10일 때는 빚이 10원이라고 생각한 것이다.

또한 그는 양수와 음수로 방향을 나타내기도 했는데, 우리가 양수와 음수를 처음 배울 때 수직선을 이용하는 것과 매우 유사하다. 그는 한 지점에서 동쪽으로 세 걸음 간 것을 +3, 서쪽으로 세 걸음 간 것을 -3이라고 생각했다.

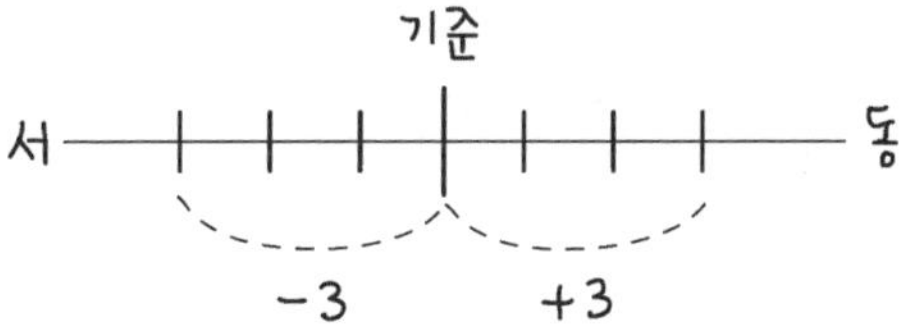

바스카라 이후 인도 사람들은 음수의 개념을 정확하게 이해했지만, 계산할 때 음수를 활용하기까지는 오랜 시간이 걸렸다.

상상 속의 수, 허수

2×2=4다. 그렇다면 똑같은 수를 두 번 곱한 값이 -4가 되는 것이 가능할까? -2×-2=4이니 -2 역시 답이 아니다. 1500년대까지 수학자들이 알고 있는 수, 즉 분수, 자연수, 소수, 음수, 무리수 중에는 같은 수를 두 번 곱해서 음수가 되는 수는 존재하지 않았다.

이탈리아의 수학자 지롤라모 카르다노(1501~1576)는 1545년 출판된《아르스 마그나(위대한 기법)》라는 수학 책에서 같은 수를 두 번 곱해서 -15가 되는 수를 최초로 상상해서 문제를 풀었다. □×□=-15라는 식을 풀기 위해 카르다노는 □를 $\sqrt{-15}$라고 가정했다. 피타고라스가 같은 수를 두 번 곱해 2가 되는 수를 $\sqrt{2}$라고 표기하며 무리수의 표기 규칙을 세운 것을 활용한 것이다. 그러나 $\sqrt{-15}$라는 새로운 수의 표기법을 생각해낸 카르다노 자신은 이런 이상한 수가 필요 없다고 이야기했다.

하지만 다른 수학자들의 생각은 달랐다. $\sqrt{-15}$처럼 같은 수를 두 번 곱했을 때 음수가 되는 수가 수학에서 필요하다고 여긴 것이다. 프랑스의 수학자 르네 데카르트(1596~1650)는 카르다노가 이야기한 $\sqrt{-15}$를 '상상의 수(nombre imaginaire)'라고 불렀다. 이것이 허수를 나타내는 영어 'imaginary number'의 어원이 되었다. 중국 사람들은 이 단어를 '허수'라고 번역해 사용했고, 우리나라도 '허수'라는 표현을 그대로 사용하고 있다. 허수는 똑같은 수를 두 번 곱했을 때 음수가 되는 수다.

허수의 단위

스위스 출신의 수학자 레온하르트 오일러(1707~1783)는 허수의 기본 단위를 만들었다. 자연수는 1에서 시작해 1씩 커지기 때문에 자연수의 기본 단위는 1이라고 할 수 있다. 오일러가 만든 허수의 기본 단위는 $\sqrt{-1}$이다. $\sqrt{-1}$을 두 번 곱하면 -1이 된다는 뜻이다. 또 오일러는 허수를 나타내는 영어 'imaginary number'의 첫 글자 i를 이용해 기본 단위인 $\sqrt{-1}$을 간단히 i라고 나타내도록 했다.

$$i = \sqrt{-1}$$

레온하르트 오일러 스위스 바젤에서 태어난 수학자로 1734년 함수 기호 $f(x)$를 처음 사용했다. 또한 1752년에 오일러의 다면체 정리를 발견했다. 다면체에서 꼭짓점을 V, 면을 F, 모서리를 E라 했을 때 모든 다면체에서 V−E+F=2가 성립한다.

오일러의 한붓그리기

아래 두 그림 중 한붓그리기로 그릴 수 있는 그림은 무엇일까? 한붓그리기란 연필을 떼지 않고 한 번에 그림을 그리는 것을 뜻한다.

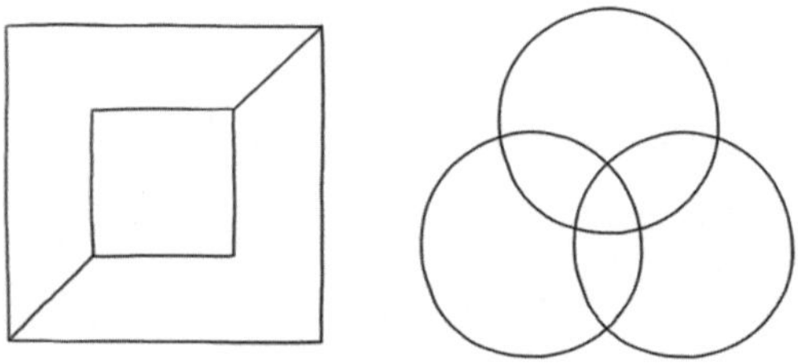

이 문제의 풀이 방법은 1735년 쾨니히스베르크의 다리 문제를 풀면서 레온하르트 오일러가 처음 발견했다. 프로이센의 쾨니히스베르크에는 프레겔강이 흐르는데, 이 강에는 2개의 큰 섬과 각 섬을 연결하는 총 7개의 다리가 있었다. 이때 7개의 다리를 한 번씩만 건너면서 처음 시작한 위치로 돌아오는 길이 존재하는가가 문제였고, 오일러는 그러한 길이 존재하지 않음을 밝혔다. 오일러는 어떤 그래프의 한 꼭짓점에서 시작해 펜을 떼지 않고 모든 변을 한 번씩만 지나서 처음 출발점으로 되돌아오는 길을 가지려면 각 꼭짓점에 연결된 변의 개수가 모두 짝수여야 함을 증명했다.

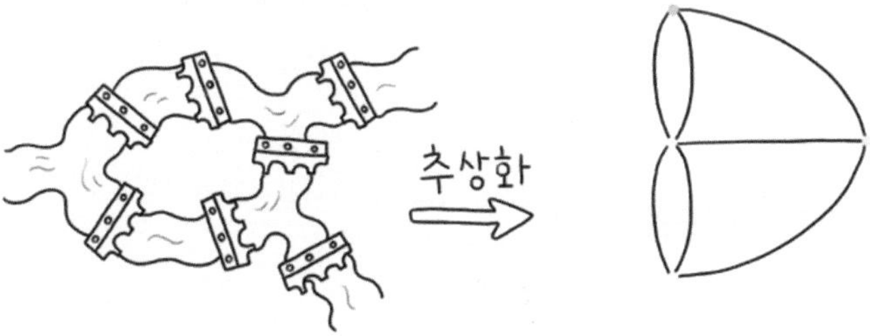

그럼 처음 문제에서 한붓그리기가 되는 그림을 찾아보자. 먼저 각 그림에서 선과 선이 만나는 곳을 점으로 표시하고, 그런 다음 각 점에서 몇 개의 선이 만나는지 세어 점에 표시한다. 예를 들어 2개의 선이 만나는 점에는 2라고 쓰면 된다.

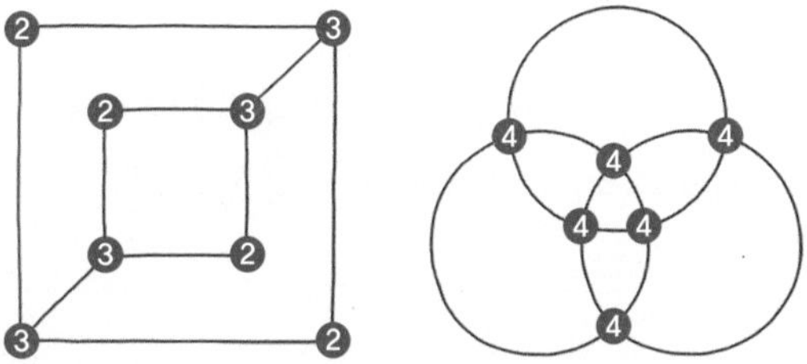

오일러의 증명에 따르면 홀수로 만나는 선이 없는 두 번째 그림만 한붓그리기를 할 수 있다.

정수를 −3, −2, −1, 0, 1, 2, 3과 같이 쓸 수 있는 것처럼 허수는 $-3i$, $-2i$, $-i$, 0, i, $2i$, $3i$와 같이 나타낸다. 예를 들어 $-3i$는 $-3\sqrt{-1}$이라는 뜻이다.

허수 표시하기

오일러가 아무리 설명해도 당시의 사람들은 허수를 인정하기 어려웠다. 사람들은 상상 속의 수를 이해할 수 없었기 때문이다. 허수는 물건의 개수나 길이, 실수를 나타낼 수 있는 수직선에도 표시할 수 없었다. 즉, 눈으로 절대 볼 수 없는 수가 허수였던 것이다.

덴마크의 측량 기사였던 카스파르 베셀(1745~1818)은 수직선에 나타낼 수 없는 허수의 문제점을 보고 수직선 밖에 허수를 표시하는 방법을 생각해냈다. 스위스의 회계사 장 로베르 아르강(1768~1822)과 독일의 수학자 카를 프리드리히 가우스(1777~1855)도 비슷한 생각을 했다. 즉, 가로로 그려진 수직선은 실수를, 세로로 놓인 수직선은 허수를 나타내기로 하면서 사람들이 허수를 가상의 공간에 표현할 방법을 찾은 것이다.

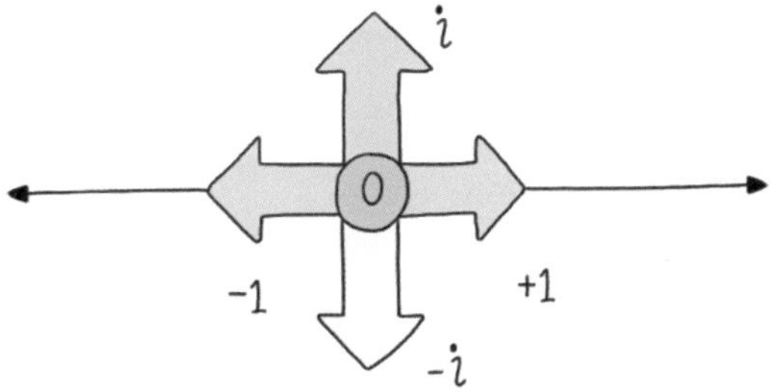

허수는 왜 필요할까?

허수는 □×□=-15와 같은 식의 □ 값을 나타내는 것뿐만 아니라 다양한 분야에서 활용된다. 예를 들어, 영국의 물리학자 스티븐 호킹(1942~2018)은 허수를 이용해 우주의 기원을 설명했다.

호킹 박사는 허수의 시간을 가정했다. 허수의 시간이란 모든 힘의 방향이 반대가 되는 시간을 뜻한다. 즉, 실수의 시간에서는 사과나무의 사과가 아래로 떨어지지만 허수의 시간에서는 위로 떨어지게 된다. 허수의 시간은 시간을 음수로 나타낸다. 예를 들어, 허수의 시간에서 속도에 음의 부호가 붙으면 힘이 거꾸로 작용한다는 것을 의미한다.

미국의 이론물리학자 알렉산더 빌렌킨(1949~)의 《무로부터의 우주 탄생론》에서는 허수의 시간에 대해 다음과 같이 설명하고 있다. 원래 아무것도 없던 공간이 크게 흔들리면서 '우주의 씨앗'이 생겨

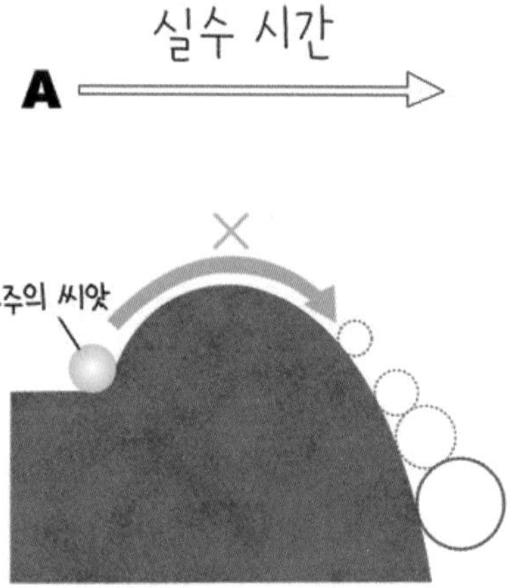

우주의 씨앗은 에너지의 벽을 넘지 못해 큰 우주가 되지 못한다.

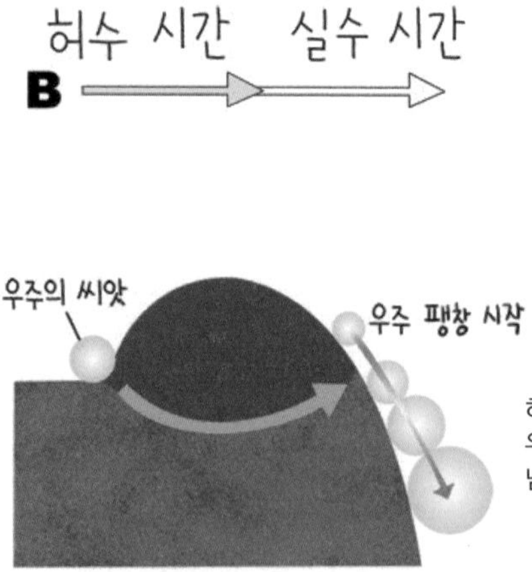

허수 시간이 흐르고 있으면 우주의 씨앗은 에너지의 벽을 넘을 수 있다.

난다. 실수의 시간에서 우주의 씨앗은 공간이 흔들리면서 생겨난 에너지의 벽을 넘지 못해 큰 우주로 발전하지 못한다. 그런데 허수의 시간에서는 힘의 방향이 바뀌게 되므로 에너지의 벽이 움푹 파인 형태로 바뀌게 된다. 따라서 우주의 씨앗은 쉽게 에너지의 벽을 빠져나와 큰 우주가 될 수 있다는 것이다.

2

천문학과 로그

로그의 발명은
천문학 연구를
얼마나 도왔을까?

수
0 1 2 · · · 6 ·
1.0
2.3
.3729

“철학은 우주라는 거대한 책에 쓰여 있다. 이 책은 우리 눈앞에 항상 펼쳐져 있지만, 그 언어를 해석하는 법을 먼저 배우지 않으면 보고도 이해할 수 없다. 우주는 수학이라는 언어로 쓰여 있다. 수학이 사용하는 문자는 삼각형, 원 및 그 밖의 기하학적 도형이다. 도형이 없다면 인간의 힘으로는 수학의 단 한 단어도 이해할 수 없다. 수학을 모르는 것은 캄캄한 미로 속에서 방황하는 것과 같다.”

– 갈릴레오 갈릴레이, 《별 세계의 사자(使者)》(1611) 중

중세를 벗어나 근대로 들어오면서 수학자들은 지구상의 수학에서 벗어나 우주의 수학으로 눈을 돌리게 되었어. 과거 신의 영역이었던 우주가 이제 수학자들이 연구할 수 있는 인간의 학문 영역이 된 것이지.

우주를 수학적으로 계산하면서 수학은 놀라운 발전을 거듭했어. 천체의 관측에서 사용되는 큰 수의 계산을 간단히 하기 위한 로그의 발명도 이 시기에 이루어졌단다. 신비한 우주와 수학의 세계로 떠나보자!

원과 천체

우주에 대한 연구는 아주 오래전 인류가 문명을 이룩하면서부터 시작되었다. 천체의 움직임을 관찰하고 연구하는 천문학은 고대부터 오랫동안 수학의 발전에 기여해왔다. 학문이 세분화되기 이전에는 '수학자'라는 명칭이 천문학자를 뜻하기도 했다.

고대의 천문학자들은 신이 우주를 창조했다고 믿었다. 동물이 지구를 들고 있다거나 지구가 편평하다고 믿기도 했다.

중세 시대 천문학자들은 지구를 중심으로 태양과 달, 그 밖의 별들이 지구 주위를 일정한 속도로 돌고 있다고 생각했다. 이와 같이 지구는 멈춰 있고, 다른 행성들이 지구 주위를 회전하고 있다고 주

고대 페르시아인들이 생각한 우주(왼쪽)와
고대 인도인들이 생각한 우주(오른쪽).

별의 일주 운동.

장하는 학설을 지구중심설 또는 천동설이라고 한다. 실제로 밤하늘의 별을 보면 원 모양으로 지구를 한 바퀴씩 회전하는 것처럼 보인다. 이를 일주 운동이라고 하는데, 일주 운동은 지구의 자전 때문에 나타난다.

코페르니쿠스와 지동설

니콜라우스 코페르니쿠스(1473~1543)는 태양이 우주의 중심이고 지구 및 다른 행성들이 태양 주위를 돌고 있다는 태양중심설을 주

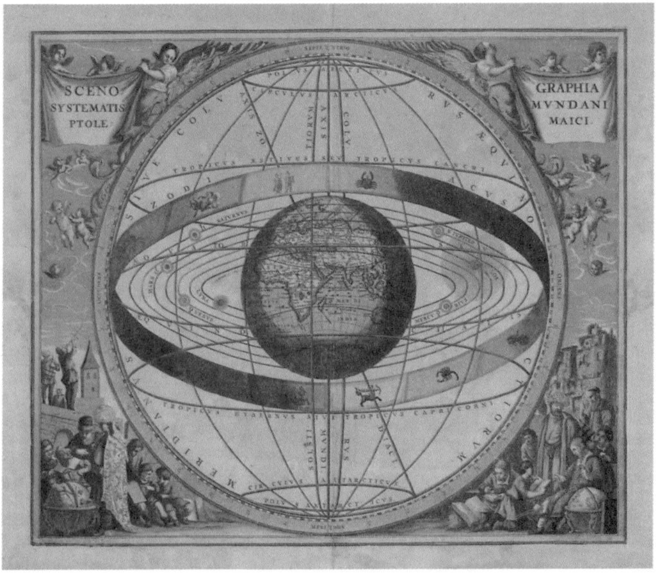

프톨레마이오스의 천체 모형 목판화(17세기) 지구를 중심으로 행성들이 돌고 있다.

장한다. 태양중심설은 지동설이라고도 한다. 이후 망원경을 혁명적으로 발전시킨 갈릴레오 갈릴레이(1564~1642)가 코페르니쿠스의 주장에 과학적인 근거를 제시한다.

코페르니쿠스는 열 살 때 아버지를 여의고 교회의 신부였던 외삼촌 밑에서 자랐다. 외삼촌에게 영향을 받은 코페르니쿠스는 외삼촌처럼 신부가 되기 위해 대학에 입학했다. 그곳에서 그는 수학과 천문학 강의를 듣게 되었는데, 그때 로마 시대부터 사용하던 율리우스력과 천동설이 실제와 일치하지 않는다는 것을 깨달았다.

코페르니쿠스 동상 코페르니쿠스의 태양중심설은 당대에는 인정받지 못했지만, 이후 중세적 우주관에서 근대적 우주관으로의 전환을 촉진했다.

이후 코페르니쿠스는 꾸준한 천문 관측 끝에 태양이 지구를 중심으로 도는 것이 아니라 지구가 태양 주변을 돈다는 지동설 이론을 완성했다. 하지만 그 이론은 그가 죽은 후에야 발표되었다. 당시 사람들은 신이 지구를 중심으로 모든 것을 창조했다고 믿었기 때문에 지구가 태양 주변을 돈다고 말하는 것은 신의 권위에 도전하는 일로 받아들였다.

그러나 코페르니쿠스의 연구는 후대 수학자들에게 커다란 영향을 미쳤다. 코페르니쿠스 이후의 천문학자들은 우주를 기하학적으로 연구하기 시작했다. 즉 천체의 위치, 지구와의 거리 등을 수학적으로 계산해 표현하기 위해 노력했다.

근대를 연 네이피어

존 네이피어(1550~1617)는 큰 수를 쉽게 계산할 수 있는 로그를 발명한다. 로그의 발명은 인도-아라비아 숫자, 소수의 발견에 이은 세 번째 계산의 혁명으로 일컬어진다.

천문학에서 사용하는 숫자의 단위가 엄청나게 커지는 것은 수학자들에게 큰 어려움이었다. 물론 당시의 항해술이나 상공업에서 사용하는 숫자들의 단위가 커지는 추세였지만, 지구와 별 사이의 거리처럼 엄청난 거리는 인도-아라비아 숫자로 표현하는 데 한계가 있었다. 그래서 수학자들은 큰 수를 편하게 계산할 수 있는 방법을 연구하기 시작했다.

'곱셈을 덧셈으로 바꾸면 더 쉽게 계산할 수 있지 않을까?' 큰 수로 사칙연산을 수십 번 반복해야 하는 천문학 연구를 하던 네이피어는 문득 이 같은 생각을 하게 되었다. 그는 단순한 아이디어에서 멈추지 않고 20여 년간 연구를 거듭한 끝에 '로그'라는 새로운 개념을 만들어냈다. 로가리듬(logarithm)은 '식'이란 뜻의 'logos'와 '수'

라는 뜻의 'arithmos'를 합쳐 만든 단어로, 짧게 줄여 '로그'라고 부른다.

네이피어는 제곱을 연구하면서 발견한 제곱수의 성질 덕분에 로그를 발명하게 되었다. 그는 제곱수를 연구하면서 알아낸 지수의 성질 가운데 밑수가 같을 때에는 지수•의 곱셈이 덧셈으로 바뀐다는 점에 주목했다.

$$a^x \times a^y = a^{x+y}$$

예를 들어 2^2에 2^3을 곱하는 상황을 떠올려보자. 2^2은 2를 두 번 곱한 수이고, 2^3은 2를 세 번 곱한 수다. 따라서 $2^2 \times 2^3$은 2를 다섯 번 곱한 값, 즉 2^5과 같다.

$$\underset{2\times2}{\underline{2^2}} \times \underset{2\times2\times2}{\underline{2^3}} = \underset{2\times2\times2\times2\times2}{\underline{2^{2+3}}}$$

• 어떤 수 a를 n번 곱한 것을 a의 n 제곱이라고 하고 a^n이라고 쓴다. 여기서 a를 아래 있다고 해서 거듭제곱의 밑수, n을 거듭제곱의 지수라고 부른다.

계산의 혁명, 로그

이제 로그에 대해 자세히 알아보도록 하자. 양수 N에 대해 2^x이 N이 되는 경우를 보면, N이 4일 때는 x가 2, N이 8일 때는 x가 3이 된다. 이와 같이 일반적으로 0보다 크고 1이 아닌 수에 대해 $a^x=N$을 만족하는 실수 x는 단 하나 존재한다. 이때 x는 a를 밑으로 하는 N의 로그라고 하고, $\log_a N=x$라고 쓴다. 예를 들어 2^3은 $2\times2\times2$, 즉 8이다. 2^3을 log로 나타내면 $\log_2 8=3$이라고 쓸 수 있다. 더하기를 + 기호로 약속하는 것과 같이 2^3을 $\log_2 8=3$과 같이 나타내는 것은 네이피어가 정의한 계산 방법이다.

로그표의 활용

로그를 이용했을 때 계산이 어떻게 쉬워지는지 살펴보자. 로그 계산을 하기 위해서는 로그값을 미리 적어둔 표가 필요하다. 예를 들어, $2^2=4$, $2^3=8$, $2^4=16$…과 같이 2의 거듭제곱을 로그로 바꾼 표는 다음과 같다.

$\log_2 2$	$\log_2 4$	$\log_2 8$	$\log_2 16$	$\log_2 32$	$\log_2 64$	$\log_2 128$	$\log_2 256$	$\log_2 512$	$\log_2 1024$
1	2	3	4	5	6	7	8	9	10

16×64를 로그표를 이용해 계산하는 과정은 다음과 같다. 우선 16과 64를 2를 밑으로 하는 log, 즉 $\log_2 16$, $\log_2 64$로 바꾼 후 생각한다. 위의 표에서 각각의 값을 살펴보면 $\log_2 16$은 4, $\log_2 64$는 6과 같다. 4와 6을 더하면 10이 된다. 10에 해당하는 로그값은 $\log_2 1024$다. 따라서 16×64는 1024다.

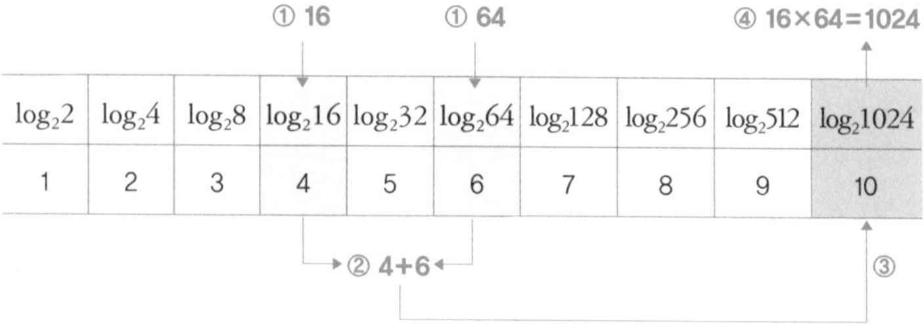

어떻게 이러한 계산이 가능한 것일까? 16은 2를 네 번 곱한 수이고, 64는 2를 여섯 번 곱한 수다. 따라서 16×24는 2를 10번 곱한 값과 같다.

$$16=2\times2\times2\times2$$

$$64=2\times2\times2\times2\times2\times2$$

$$16 \times 64 = \underbrace{2 \times 2 \times 2 \times 2 \times 2 \times 2 \times 2 \times 2 \times 2 \times 2}_{\text{2를 10번 곱한 수}}$$

16과 64를 2를 밑으로 하는 지수를 이용해 나타내보면, 16은 2^4와 같고 64는 2^6과 같다. 따라서 다음과 같이 식으로 나타낼 수 있다.

$$16=2\times2\times2\times2=2^4$$

$$64=2\times2\times2\times2\times2\times2=2^6$$

$$16\times64=2^4\times2^6=2^{4+6}=2^{10}$$

위의 식에서 밑이 같은 제곱수 간의 곱은 지수의 합으로 나타낼 수 있음을 알 수 있다. 네이피어는 이 원리를 이용해 지수끼리 더해서 곱셈의 값을 빨리 찾을 수 있는 연산 기호 로그(log)를 만들었다.

이처럼 로그는 미리 밑수를 정해두고 로그값을 계산해 표를 만들어두면, 그 표만 보고 쉽게 큰 수를 계산할 수 있다는 장점이 있다. 로그의 발견으로 큰 수의 계산이 간단해진 것이다.

네이피어의 이 놀라운 발명에 전 유럽이 열광했다. 특히 큰 단위의 숫자를 계산할 일이 많은 천문학에서 아주 유용하게 쓰여, 천문학자인 피에르 시몽 라플라스(1749~1827)는 "로그의 발명으로 일거리가 줄어서 천문학자의 수명이 배로 연장되었다"라고 말했을 정도다.

네이피어 막대

네이피어는 로그 외에도 큰 수를 쓸 때 생기는 어려움을 없애는 방법에 대해 계속 연구했다. 그리고 큰 수를 빠르고 쉽게 계산할 수 있는 네이피어 막대를 만들었다.

네이피어 막대는 배수들을 표에 순서대로 적는 것을 기본으로 한다. 예를 들어 6의 배수를 적을 경우 아래 왼쪽의 막대처럼 대각선 위쪽에는 10의 자리를, 아래쪽에는 1의 자리를 순서대로 적어나간다.

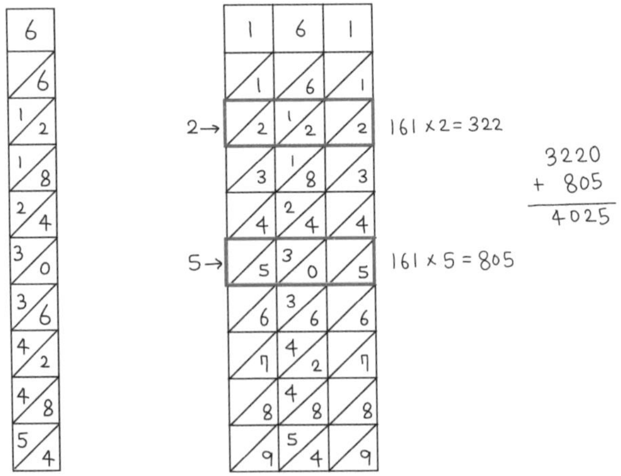

네이피어 기념비 수학 분야에서 네이피어의 가장 큰 기여는 로그의 창안에 있다. 로그 덕분에 큰 수의 계산이 쉬워졌다. 로그는 그즈음 학문적으로 힘을 키우기 시작한 천문학에도 유용하게 쓰였다.

그렇다면 네이피어 막대를 이용해서 161×25를 계산해보자. 먼저 1, 6, 1 각각의 네이피어 막대를 만들어 나란히 놓는다. 그리고 161의 각 자릿값에 2배를 한 가로줄과 5배를 한 가로줄을 찾아 같은 대각선 영역에 있는 수끼리 더해 차례로 자릿값을 적용하면 161×2와 161×5 각각의 답이 나온다. 마지막으로 자릿수에 맞춰 두 수를 더하면 161×25의 값을 구할 수 있다.

네이피어의 로그, 10대 수학 공식에 선정되다

1971년 니카라과 정부는 '세계에서 가장 중요한 10대 수학 공식'을 기념하는 우표를 발행했다. 각 우표의 앞면에는 10대 수학 공식으로 선정된 공식이 그림과 함께 인쇄되었고, 뒷면에는 간단한 설명이 실렸다. 피타고라스 정리, 아르키메데스의 원리, 뉴턴의 만유인력의 법칙 등과 함께 네이피어의 로그도 당당히 이름을 올렸다.

우리는 여전히 로그를 이용한 계산 방법을 배운다. 지금 우리가 사용하고 있는 로그표는 상용로그표다. 상용로그표는 밑을 10으로 하는 로그인 '상용로그'의 계산 결과를 정리한 것이다.

상용로그표를 만든 것은 네이피어가 아니다. 네이피어가 처음 로그를 만들었을 때는 밑수가 지금처럼 10이 아니었다. 나중에 헨리 브리그스(1561~1630)가 인도-아라비아의 10진법에 맞추어 밑수를 10으로 통일하고 1부터 2만까지, 9만에서 10만까지의 로그값을 계산해 책으로 출간한 것이 상용로그표의 시초다.

그렇다면 상용로그표를 이용해 어떻게 로그값을 구할까? 그 방법은 의외로 간단하다. 연습 삼아 log2.36의 상용로그값을 구해보자.

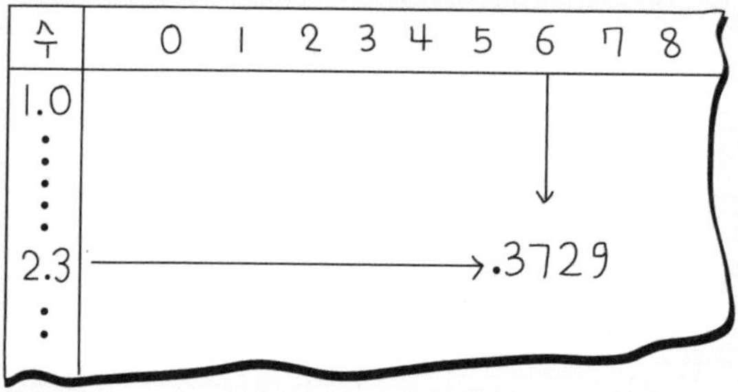

상용로그표.

우선 로그표의 세로줄에서 2.3에 해당하는 지점을 찾는다. 그리고 가로줄에서 0.06에 해당하는 지점을 찾는다. 둘의 교차 지점에는 log2.36의 값인 0.3729가 적혀 있다. 이러한 방식으로 로그표를 이용해 log9.99까지의 상용로그값을 간단하게 구할 수 있다.

3

포물선과 좌표 평면

포탄의 궤적은
어떻게
계산할 수 있을까?

y
3
2
1
0
1
2
3
4
5
x
6
4

우리가 학교에서 배우는 도형에 대한 내용은 대부분 고대 그리스의 수학자 유클리드가 기원전 3세기에 쓴 책 《원론》을 기초로 한단다. 유클리드가 《원론》을 쓴 이후로 약 2000여 년 동안 다른 방식으로 도형에 대해 연구한 경우는 없었어. 수학에서의 기하학은 곧 유클리드의 기하학이라 할 수 있었지. 기하학은 삼각형이나 사각형, 원과 같은 도형의 길이나 넓이, 각도 등을 측정하거나 그 특성을 알아보는 수학의 영역을 뜻해.

하지만 근대에 접어들면서 우주를 비롯해 여러 자연 현상들을 수학적으로 분석한 결과 유클리드 기하학으로는 설명할 수 없는 현상들이 나타나기 시작했지. 이때 위대한 철학자이자 수학자인 데카르트가 도형을 새롭게 분석하는 방법을 만들어내는데, 이를 해석기하학이라고 해. 새로운 기하학이 탄생한 1700년대로 떠나보자.

행성 궤도와 타원

중세 천문학자들은 행성의 궤도가 원 모양이라고 생각했다. 그러나 독일의 천문학자 요하네스 케플러(1571~1630)는 태양을 중심으로 도는 행성들의 궤도가 타원 모양이라는 사실을 발견했다.

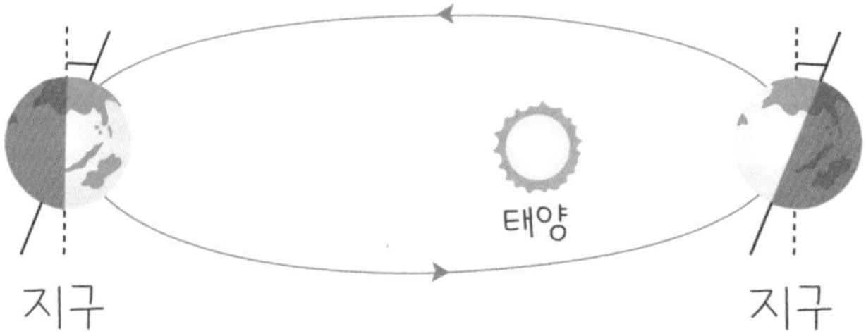

타원을 그리며 태양 주위를 공전하는 지구의 궤도.

케플러는 오스트리아의 그라츠 대학에서 수학과 도덕을 가르치는 교수였다. 원래 케플러도 우주의 행성들이 원 모양의 궤도를 따라 움직인다고 생각했다. 케플러가 1596년에 쓴 《우주 구조의 신비》라는 책에서 행성의 운동을 원 궤도로 설명하기도 했다.

몇 년 후 케플러는 신성 로마 제국의 왕실 천문학자 튀코 브라헤(1546~1601)의 조수로 근무하게 된다. 그런데 브라헤가 갑자기 죽게 되면서 케플러는 그의 지위와 함께 천문 관측 자료를 그대로 이어받는다. 브라헤가 남긴 연구 자료를 토대로 행성의 움직임을 설

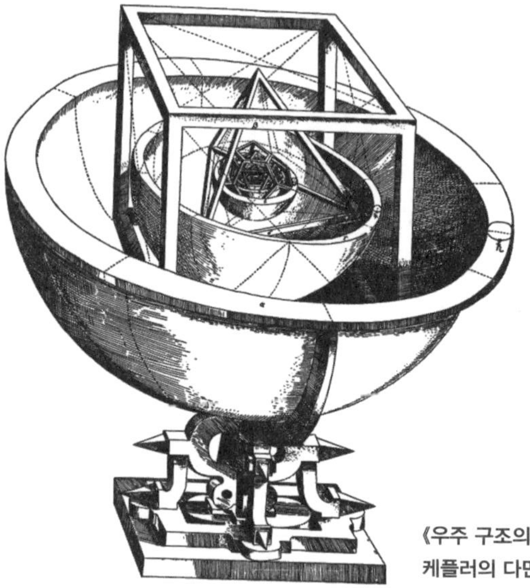

《우주 구조의 신비》에 묘사된,
케플러의 다면체 구조 태양계 모형.

명하는 작업을 진행하던 케플러는 행성들이 타원 궤도로 태양 주위를 돈다는 사실을 발견한다.

유클리드 기하학을 통해 원의 둘레와 넓이는 구할 수 있지만 타원의 둘레와 넓이를 구하는 방법은 알 수 없었다. 유클리드 기하학은 원의 둘레와 지름의 관계를 통해 원주율을 계산했지만, 타원은 원의 둘레가 일정하더라도 지름이 다 달라 둘레의 길이와 지름의 관계를 찾을 수 없기 때문이다. 행성이 타원 궤도로 태양 주위를 돈다는 것을 알아내도 궤도의 길이와 크기를 수학적으로 분석할 방법이 없었다.

대포와 포물선

유클리드 기하학으로 분석할 수 없는 도형은 타원뿐만이 아니었다. 물건을 멀리 던질 때 공중으로 높이 솟구쳤다가 다시 땅에 떨어지는 궤적인 포물선 역시 유클리드 기하학에서는 길이를 잴 수도, 각의 크기를 구할 수도 없는 대상이었다.

근대에 이르러 포물선에 대한 관심이 높아진 것은 바로 대포의 사용 때문이었다. 중세 시대를 지배했던 로마 제국은 395년 동과 서로 나뉘게 된다. 다른 민족의 침입이 잦았던 서로마 제국은 476년에 게르만족으로 인해 멸망한 반면, 동로마 제국은 이후 1000년이 넘는 오랜 기간 로마의 명맥을 이어갔다. 그러나 동로마 제국도 결국 다른 민족의 침략과 잇단 전쟁으로 수도인 콘스탄티노플만 남은 조그만 나라가 되었다. 설상가상으로 동로마 제국은 1453년에 오스만 제국의 침략을 받았다. 오스만 제국은 1000년 동안 30번 가까이 적의 공격을 막아냈던 동로마 제국의 삼중으로 된 콘스탄티노플 성벽을 무너뜨리기 위해 대포를 준비했다. 오스만 제국 군대는 600킬로그램이 넘는 포탄을 1600미터까지 날릴 수 있는 거대한 대포를 앞세워 동로마 제국의 성문을 향해 돌진했다. 동로마 제국의 병사들은 대포 공격에 무너진 성벽을 수리하며 필사적으로 방어했다. 하지만 결국 무너진 성벽을 통해 밀려드는 오스만 제국 군대 앞에 무릎을 꿇고 말았다.

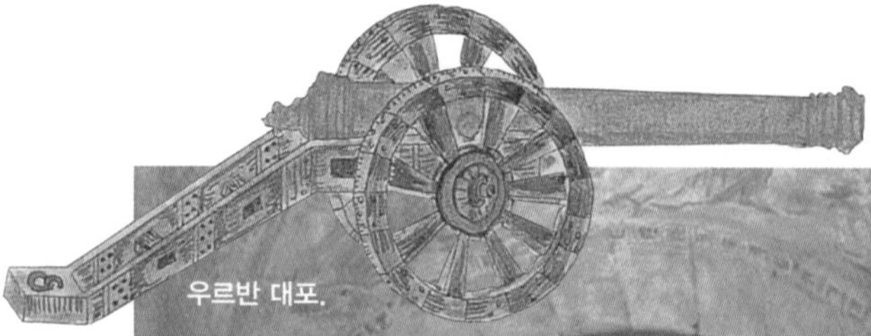

우르반 대포.

《콘스탄티노플을 통과하는 메흐메트 2세》 콘스탄티노플은 다른 민족의 위협에 맞서기 위한 각종 방어 시설을 갖추고 있었다. 하지만 1453년 오스만 제국의 메흐메트 2세는 대포를 이용해 난공불락의 성벽을 뚫었다.

이 전쟁을 계기로 대포는 전쟁의 승패를 결정짓는 무기가 되었다. 대포의 역할이 중요해지자 적에게 포탄을 명중시키는 방법을 찾기 위한 연구가 이루어졌다. 정확히 적을 명중시키기 위해서는 포탄이 날아가는 방향을 수학적으로 계산해야 했다.

포물선 연구

포탄이 어떻게 날아가는가를 최초로 연구한 사람은 이탈리아의 수학자인 니콜로 타르탈리아(1499~1557)였다. 타르탈리아는 1537년 저서 《새로운 과학》에서 포탄이 그리는 포물선에 관한 문제를 설명했다. 아리스토텔레스와 같은 이전의 수학자들은 투석기나 대포에서 발사된 포탄이 날아갈 수 있을 때까지는 직진하고, 그 이후에는 수직으로 낙하한다고 생각했다. 그러나 타르탈리아는 이 책에서

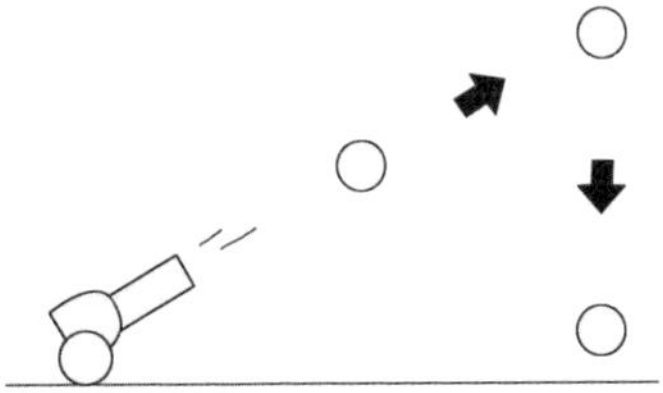

아리스토텔레스의 생각.

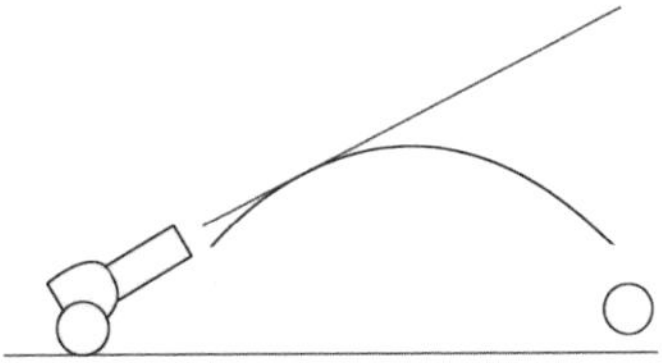

타르탈리아의 생각.

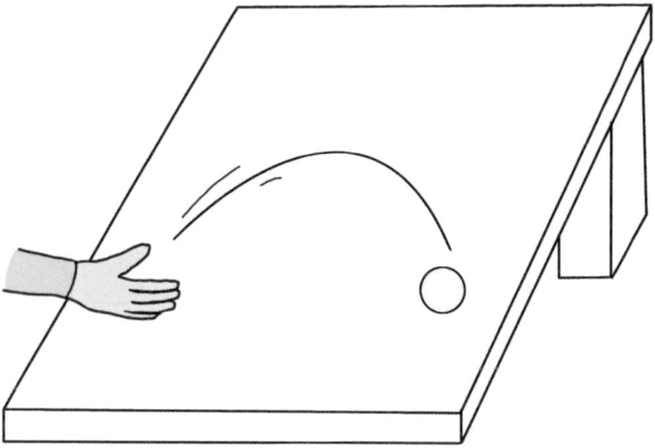

포탄의 움직임에 대한 갈릴레이의 실험.

그 이유를 정확하게 증명하지는 못했지만 대포를 45도로 조준했을 때 포탄이 가장 멀리 갈 수 있고, 포물선을 그리며 떨어진다고 설명했다.

타르탈리아의 연구를 바탕으로 수많은 수학자가 포탄의 움직임을 밝히려고 꾸준히 노력했다. 이후 포탄이 포물선을 그리면서 떨어진다는 사실을 수학적으로 증명한 사람은 갈릴레오 갈릴레이다. 갈릴레이는 중력의 영향을 덜 받도록 기울인 탁자에서 쇠구슬을 굴리며 포탄의 움직임을 실험했는데, 이 실험을 통해 포탄이 포물선 모양으로 운동한다는 것을 증명했다. 그러나 포탄의 움직임과 방향을 정확히 나타내기에는 여전히 어려움이 있었다. 포탄의 이

이탈리아 산타 크로체 교회의 갈릴레이 무덤 갈릴레이는 "자연은 모두 수학의 언어로 쓰였다"라는 유명한 말을 남겼다.

동 거리와 최고 높이를 계산하기 위해서는 포물선을 수학적으로 분석해야 했지만, 유클리드 기하학으로는 포물선을 연구할 수 없었다. 자로 곡선의 길이를 잴 수도 없고, 각도기로 각도를 측정할 수도 없었기 때문이다.

불운의 수학자, 타르탈리아

타르탈리아는 탄도의 움직임을 수학적으로 연구하면서 친구에게 다음과 같은 편지를 보냈다.

"누군가에게는 고통을 주고 인류 전체에게는 해를 끼칠 기술을 연구하다니 신에게 가혹한 벌을 받아도 할 말이 없네."

타르탈리아의 공식은 당시에는 상상할 수 없을 정도로 정확한 명중률을 보장했다고 한다. 그의 걱정이 사실이었을까? 타르탈리아는 위대한 수학자였지만 신에게 가혹한 벌을 받은 것처럼 불운한 죽음을 맞았다.

본명이 니콜라 폰타나인 타르탈리아는 1499년 브레시아의 한 가난한 집에서 태어났다. 1512년 그가 살고 있던 마을이 프랑스의 침략을 받아 아버지를 여의고, 그는 머리와 턱에 큰 상처를 입었다. 의료 시설이나 지식이 부족한 시절이었기에 어머니는 미신에 따라 개에게 아들의 상처를 핥게 해서 치료하려 했다. 타르탈리아는 이때의 상처로 말을 더듬게 되었다. '타르탈리아'는 이탈리아어로 말을 더듬는 사람이라는 뜻으로, 이것이 이 불운한 수학자의 칭호가 되고 말았다.

가난한 어머니는 돈을 모아 타르탈리아를 간신히 보름 동안 학교에

보냈는데, 그는 글자에 관한 책을 1권 훔쳐 독학으로 읽고 쓰는 법을 익혔다. 당시의 타르탈리아는 종이 살 돈이 없어서 공동묘지에서 묘비 글을 땅에 옮겨 적으며 공부했다는 이야기도 전해진다.

니콜로 타르탈리아.

여러 가지 어려움이 있었지만 타르탈리아는 재능 있는 수학자였다. 유클리드와 아르키메데스의 책을 번역해 출판하기도 하고, 훌륭한 수학 책과 논문들을 발표하기도 했다. 그러나 또 한 번의 불운이 그를 찾아왔다. 타르탈리아는 3차 방정식의 해법을 처음 발견하고도 풀이 방법을 지롤라모 카르다노에게 빼앗기고 오히려 계산 방법을 훔쳤다는 누명을 쓰게 되었다. 타르탈리아는 명예를 되찾기 위해 카르다노에게 수학 시합을 통해 3차 방정식을 누가 더 잘 푸는지 실력을 겨루어보자고 제안했다. 풀이 방법을 실제 발견한 사람이 문제를 더 잘 풀 거라는 생각에서였다.

그런데 질 것이 뻔한 시합에 나가기 싫었던 카르다노는 제자 페라리를 대신 시합에 내보냈고 생각지도 않게 페라리의 수학 실력이 아주 뛰어나 타르탈리아를 이겨버렸다. 이후 타르탈리아는 거짓말쟁이로 몰려 심한 마음고생을 하다 1557년에 불운한 세상에 영원한 이별을 고했다.

좌표 평면의 발명

포탄의 움직임을 정확히 표현하는 것이 가능해진 것은 수학자보다 철학자로 유명한 르네 데카르트가 좌표 평면을 만든 이후다. 좌표는 점의 위치를 나타내는 기준이 되는 표를 의미한다. 데카르트가 발명한 좌표계는 2개의 수직선을 수직으로 교차시켰다고 해서 직교좌표계라고도 하고, 데카르트의 이름을 따 데카르트 좌표계라고도 부른다. 직교좌표계는 수학에서 가장 많이 사용되는 좌표계이기 때문에 간단히 좌표 평면이라고도 한다.

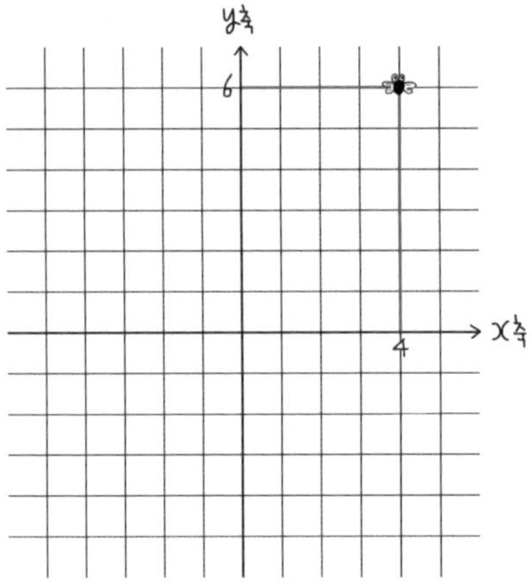

이 그림은 데카르트가 처음 만들었던 좌표 평면의 형태다. 가운데에는 가로와 세로로 그어진 2개의 축이 있는데, 가로로 놓인 축은

르네 데카르트 데카르트는 좌표 평면을 통해 해석기하학을 획기적으로 발전시키며 근대 수학의 문을 열었다.

x축, 세로로 놓인 축은 y축, 두 축이 만나는 점을 원점이라고 한다. 이렇게 x축과 y축으로 만들어진 평면이 좌표 평면이다. 평면을 좌표 평면으로 바꾼 데카르트의 시도는 아주 간단해 보이지만 수학의 역사를 바꾸게 된다.

해석기하학

데카르트는 유클리드 기하학에서처럼 자로 길이를 재거나 각도기로 각도를 측정하는 대신, 도형을 좌표 평면 위에 놓고 식을 이용해

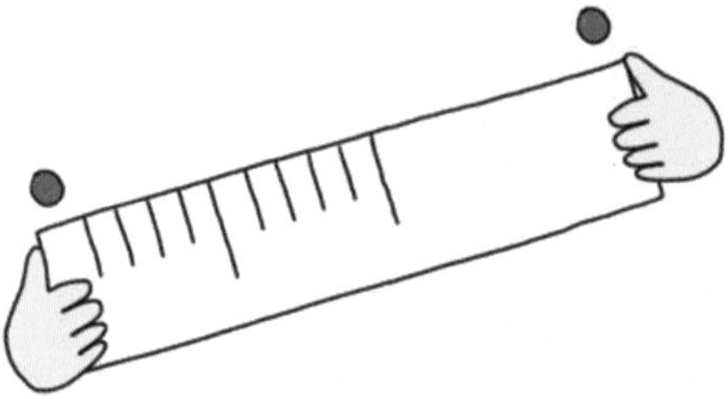

유클리드 기하학에서 두 점 사이의 거리를 측정하기 위해서는 직접 자로 재어야 했다.

분석한다. 식을 연구하는 수학의 분야를 대수학이라고 하는데, 데카르트가 도형을 식으로 분석하는 것을 유클리드 기하학에 대수학을 적용했다고 해서 '대수적인 기하학' 혹은 해석기하학이라고 부른다. 데카르트의 해석기하학에서는 도형을 식으로 나타내고 그 식을 해석하면서 도형의 특성을 분석한다.

예를 들어, 유클리드 기하학에서는 두 점 사의 거리를 나타낼 때 자를 이용한다.

그러나 해석기하학에서는 좌표 평면 위에 두 점을 표시한 후 피타고라스 정리를 이용해 구할 수 있다. 피타고라스 정리는 직각 삼각형에서 세 변의 길이 사이의 관계를 식으로 나타낸 것이다. 피타고라스 정리에 따르면 모든 직각 삼각형에서 빗변의 길이를 거듭곱한 것은 다른 두 변을 각각 거듭 곱한 후 더한 값과 같다.

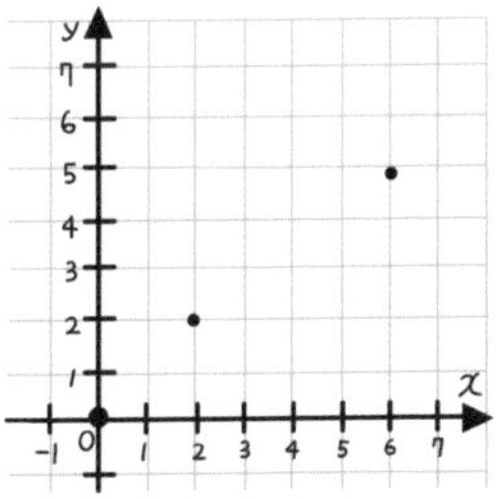

1. 좌표 평면 위에 두 점을 표시한다.

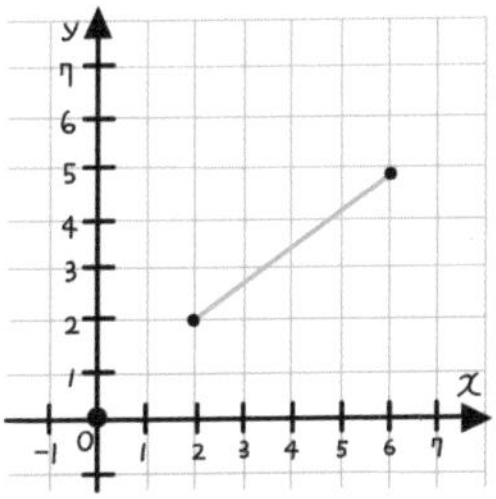

2. 두 점을 선분으로 연결한다.

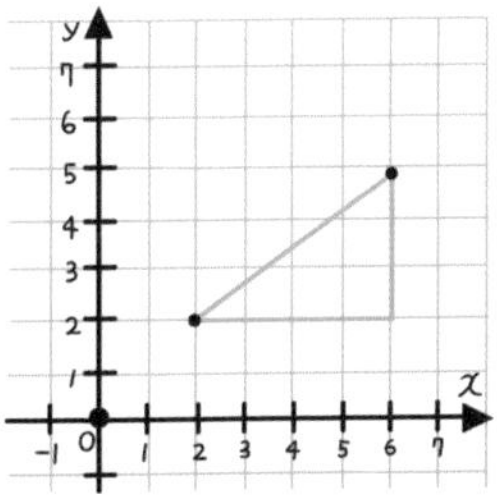

3. 직각 삼각형을 만든다.

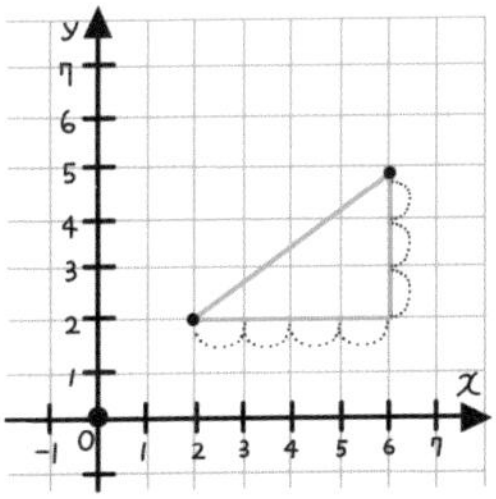

4. 피타고라스 정리를 이용하면 다음과 같이 두 점 사이의 거리를 계산할 수 있다.

(두 점 사이의 거리)$^2=4^2+3^2=25$

(두 점 사이의 거리)$=5$

해석기하학을 이용하면 포물선 역시 다음과 같이 그래프와 식으로 나타낼 수 있다. 이를 이용해 포물선의 다양한 성질에 대한 연구가 가능하다.

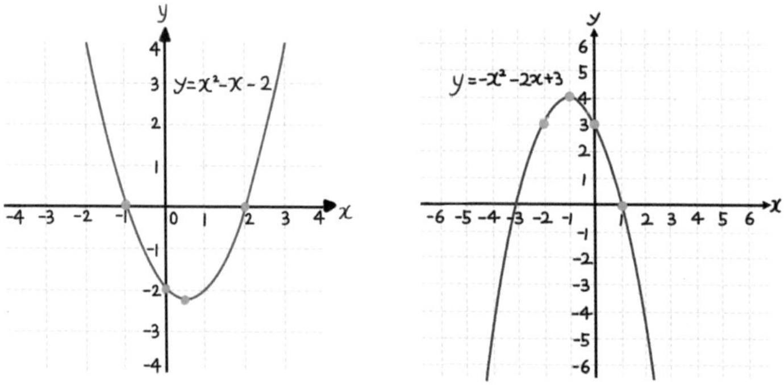

그래프와 식으로 나타낸 포물선 왼쪽은 $y=x^2-x-2$, 오른쪽은 $y=-x^2-2x+3$의 그래프다.

물론 실제 포탄의 움직임을 포물선 그래프를 계산하는 것만으로 정확하게 알아내기는 어렵다. 포탄의 움직임은 비나 바람 같은 기후 조건과 대포에서 포탄을 쏠 때 사용하는 화약의 양 등 다양한 요소의 영향을 받기 때문이다. 오늘날 포탄뿐 아니라 총탄, 유도탄, 로켓의 움직임을 연구하는 '탄도학'이라는 학문이 있는 것도 이러한 이유에서다.

포물선 그래프

좌표 평면 위에다가 포물선을 그렸을 때 이를 나타내는 식은 $y=ax^2+bx+c$로 나타낼 수 있는 2차 함수다. 2차 함수는 미지수 x 위에 적힌 차수가 2라는 의미다.

1차 함수: $y=ax+b$

2차 함수: $y=ax^2+bx+c$

3차 함수: $y=ax^3+bx^2+cx+d$

포물선을 나타내는 식 $y=ax^2+bx+c$에서 x가 1, 2, 3…일 때, 나아가 x가 0.1, 0.01, 0.00001…일 때 y값을 좌표 평면에 점으로 나타낸 후 이를 연결하면 왼쪽의 그림과 같이 포물선 모양이 그려진다. 이때 x^2에 곱해진 수, 즉 a가 0보다 크면 첫 번째 그래프와 같이 포물선이 아래로 움푹한 모양이 되고, a가 0보다 작으면 두 번째 그래프처럼 위로 볼록한 형태가 된다.

포물선 그래프의 활용

그렇다면 포물선 그래프를 어떻게 활용할 수 있을까? '접시 안테나'라고도 부르는 파라볼라 안테나는 위성 중계로 TV를 볼 수 있게 해주는 안테나다. 파라볼라 안테나의 안쪽은 포물선 모양으로 설계되어 있다.

방송국에서 보낸 전파 신호는 안테나에서 모였다가 다시 TV 화면으로 구현된다. 그런데 방송국과 TV를 시청하는 가정집의 거리가 너무 멀거나 중간에 장애물이 많으면 방송 신호가 약해진다.

파라볼라 안테나.

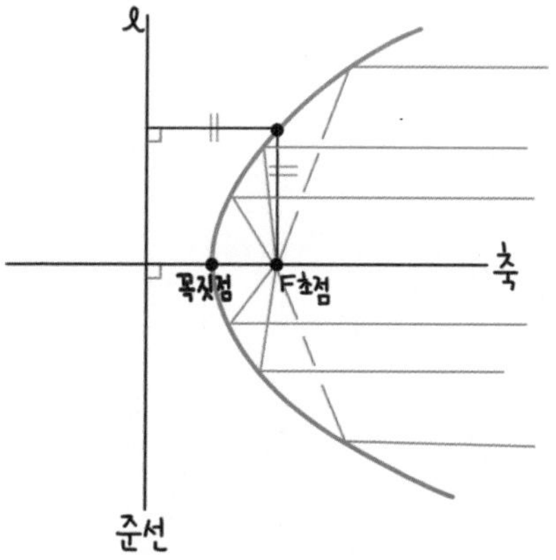

포물선의 초점 전파 신호가 굴절되어 포물선의 초점으로 모이면 초점에서 전파의 크기가 가장 커진다.

안테나는 이러한 문제점을 해결해준다. 여러 방향에서 오는 전파 신호를 한 점으로 모아 다시 전파의 크기를 크게 만들어주는 것이다. 위의 그림에서 외부에서 들어오는 전파 신호가 안테나의 벽에서 굴절되어 가운데 한 점으로 모이는 것을 볼 수 있는데, 이 점이 모든 전파 신호가 모여 전파의 크기가 가장 크게 되는 포물선의 초점이다. 이 점을 찾는 데 포물선의 그래프와 그 식이 활용될 수 있다.

4

미분과 적분

미분과 적분은
어떤 관계일까?

PHILOSOPHIÆ
NATURALIS
PRINCIPIA
MATHEMATICA
OPTICKS:
TREATISE
REFLEXIONS, REFRACTIONS, INFLEXIONS and COLOURS
LIGHT.
$\vec{v} = const$ if $\vec{F} = 0$
$\vec{F} = m\vec{a}$
$\vec{F}_1 = -\vec{F}_2$
$F = G \cdot \frac{m_1 \cdot m_2}{r^2}$
$\int_a^b f(x)dx = F(x)\Big|_a^b = F(b) - F(a)$
PHILOSOPHIÆ
NATURALIS
PRINCIPIA
MATHEMATICA
Autore J S. NEWTON, Trin. Coll. Cantab. Soc. Matheseos
Professore Lucasiano, & Societatis Regalis Sodali.
IMPRIMATUR
S. PEPYS, Reg. Soc. PRÆSES.
Julii 5. 1686.

천체와 포탄의 움직임 등 여러 가지 자연 현상을 수학적으로 분석하려는 노력은 미분과 적분의 발명으로 이어진단다. 미분과 적분은 줄여서 미적분이라고 하지.

데카르트가 만든 좌표 평면을 이용해 1680년경 아이작 뉴턴과 고트프리트 라이프니츠(1646~1716)가 각각 미적분을 발명하게 돼. 그중 뉴턴은 미적분을 수학뿐 아니라 수리물리학이라는 분야의 핵심 개념으로 발전시켰어. 계절의 변화, 밀물과 썰물, 인구 변화, 자동차의 속도 등 우리 일상생활의 수많은 변화를 이해하기 위해서는 미적분이 필요하단다. 미적분을 수학적으로 분석하는 것은 어렵지만, 미적분이 만들어지는 과정을 통해 그 개념을 이해할 수는 있어.

천재 수학자 뉴턴과 라이프니츠를 넘어 영국과 독일의 자존심 싸움으로 번졌던 미적분의 탄생 이야기로 떠나보자.

미분

미분은 순간의 변화를 수학적으로 분석하는 것을 의미한다. 17세기 유럽의 많은 수학자들은 각자만의 방법으로 미적분을 발전시키고 있었다. 포탄이 떨어지면서 만드는 포물선 모양에서, 행성이 공전하며 그리는 타원 궤도에서, 포탄과 행성 각각이 순간적으로 움직이는 속도와 방향을 이해하는 것이 필요했기 때문이다. 예를 들어, 포탄의 포물선 궤도를 살펴보자.

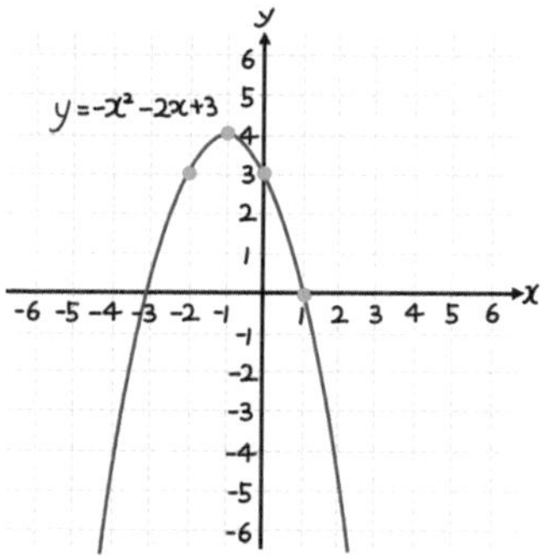

포탄이 떨어지는 전체적인 모양을 알 수 있지만 포탄의 속도가 어떻게 순간적으로 변화하는지, 이에 따라 방향은 어떻게 바뀌는지는 알 수 없다. 이때 필요한 것이 미분의 개념이다.

지금 우리가 사용하는 현대적 의미의 미분에 대한 아이디어를 최초로 떠올린 사람은 프랑스의 수학자 피에르 드 페르마(1601~1665)

로 알려져 있다. 하지만 미분과 관련한 기본 이론을 수학적으로 정립한 학자는 영국의 아이작 뉴턴과 독일의 고트프리트 라이프니츠다.

뉴턴의 미분

아이작 뉴턴은 영국의 물리학자이자 천문학자, 수학자다. 뉴턴은 한 농장주의 아들로 태어났다. 아버지는 뉴턴이 태어나기 3개월 전에 죽고, 그 후 어머니가 재혼했기 때문에 뉴턴은 외할머니 손에서 컸다. 18세에 케임브리지 대학의 트리니티 칼리지에 입학한 뉴턴은 스스로 데카르트, 케플러 등 당시 새로운 과학자들의 책을 찾아 읽고, 물리학과 수학을 공부했다.

1665년, 유럽에 흑사병이 유행하면서 영국에서만 10만 명 가까운 사람이 사망하게 된다. 당시 케임브리지 트리니티 칼리지에 다니고 있었던 뉴턴은 고향으로 돌아가 천체의 움직임에 대해 본격적으로 연구한다.

뉴턴은 케플러의 주장을 토대로 행성의 움직임을 관찰하고, 이를 수학적으로 증명하기 위해 1666년에 미분을 만들었다. 뉴턴의 미분은 행성의 순간적인 움직임을 수학적으로 계산하는 것과 관련돼 있다. 물체의 위치, 속도, 가속도, 물체에 작용하는 힘 등을 미분 식으로 분석해 행성의 궤도가 타원임을 증명한 것이다.

아이작 뉴턴.

뉴턴의 적분

미분은 항상 적분이라는 단어와 함께 이야기한다. 미분은 '아주 작게 자른다'는 뜻을 가지고 있는 반면, 적분은 작은 것을 쌓아 올린다는 의미를 가지고 있다.

미분과 적분은 서로 역연산 관계에 있다. 2+3=5에서 5를 거꾸로 2로 만들기 위해서는 더했던 3을 빼야 하는데, 이와 같이 어떤 연산을 거꾸로 하는 것을 역연산이라 한다. 즉, 2+3=5와 5-3=2를 서로 역연산 관계라고 한다. 17세기 말 뉴턴은 물리학을 연구하면서 속도와 운동의 관계를 분석하던 중 미적분의 관계를 발견하게 된다.

자동차의 속도 변화를 나타낸 그래프를 살펴보면서 미분과 적분의 관계를 알아보자. 속도와 시간의 그래프에서 넓이는 이동 거리를 의미한다. 예를 들어, 한 시간 동안 40킬로미터를 가는 차가 2시간 동안 움직인 이동 거리는 40km/h×2h=80km, 즉 80킬로미터다. 그런데 실제 상황에서 자동차의 속도는 계속 변화한다. 멈췄다가 다시 달리기도 하고 속도가 점점 빨라지거나 느려지기도 하기 때문이다. 아래 그림은 속도가 변하는 경우를 그래프로 나타낸 것이다. 그래프에서 일정 시간이 지난 후 자동차가 움직인 거리는 역시 속도와 시간의 곱, 즉 그래프에서 노랗게 표시한 부분의 면적으로 구할 수 있다. 그런데 곡선으로 이루어진 도형의 넓이를 어떻게 구해야 할까? 아래와 같은 속도의 그래프에서 넓이를 구하기 위해서는 넓이를 시간에 대해 아주 작게 자른 후 자른 면적들을 이어 붙여 구할 수 있다. 이것이 바로 적분의 개념이다.

이번에는 자동차의 위치를 시간을 기준으로 아주 작게 나누어 살

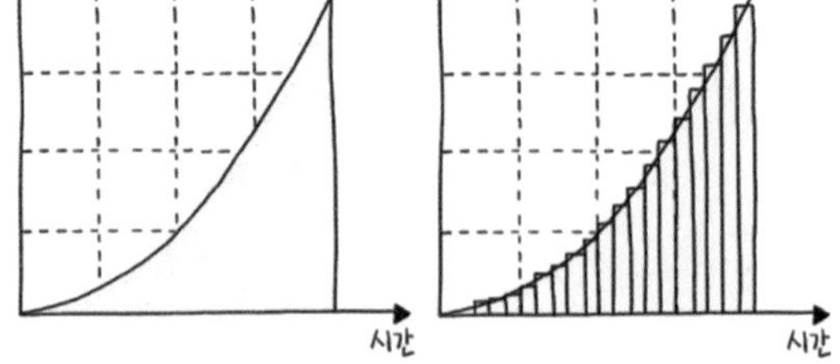

펴보자. 시시각각 변하는 이동 거리를 1초, 0.01초, 0.0000001초와 같이 아주 작게 나눈다면 위치가 시각별로 순간순간 변하는 양, 즉 그 시간대에 자동차의 순간 속도를 알 수 있다. 어떤 양을 아주 작게 나누어 순간의 변화하는 양을 살펴보는 것을 미분이라 했으므로 자동차의 변하는 위치와 속도 사이에는 다음의 관계가 성립한다.

뉴턴은 이와 같이 모든 미분과 적분이 서로 역관계에 있다는 것도 밝혀냈고, 그래프와 식을 이용해서도 미분과 적분의 관계를 설명했다. 뉴턴은 자신이 만든 내용을 학계에 발표하지 않고, 몇몇 지인들에게만 알렸다. 다만 뉴턴은 1687년 펴낸 3권짜리 책《자연철학의 수학적 원리》(라틴어: *Philosophiæ Naturalis Principia Mathematica*)에 미분을 사용해 계산한 내용들을 소개한 바 있다.《자연철학의 수학적 원리》는 서양의 과학 혁명을 집대성한 책의 하나로, 줄여서 '프린키피아(Principia)'라고 불리기도 한다.

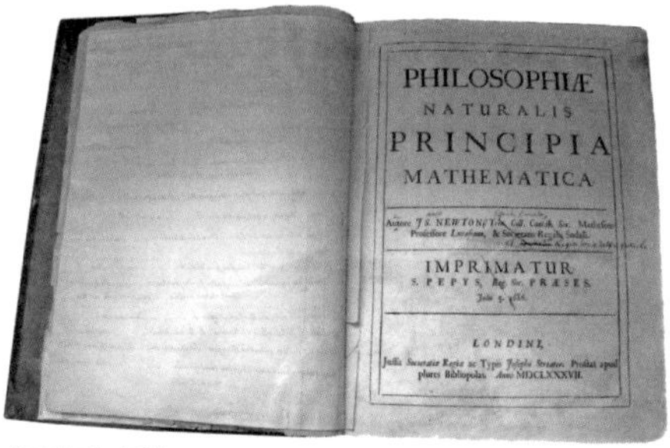

《프린키피아》.

뉴턴은 정말 떨어지는 사과를 보고 중력을 발견했을까?

질량이 있는 모든 물체가 서로 끌어당기는 힘을 중력이라 한다. 우리가 지구 위에 두 발을 딛고 서 있을 수 있는 것은 중력 덕분이다. 뉴턴은 사과나무에서 사과가 수직으로 떨어지는 것을 보고 중력의 개념을 최초로 떠올렸다고 알려져 있다.

1660년대 중반 20대 초반의 대학생 뉴턴은 흑사병 때문에 휴교를 해서 집에 머무르고 있었다. 이 기간에 뉴턴은 정원의 사과나무에서 사과가 떨어지는 것을 보고 중력의 법칙을 깨달았다고 알려져 있다. 하지만 이 이야기는 그동안 과학자들 사이에서 의견이 분분했다. 뉴턴이 사과나무 이야기를 한 적이 없다는 주장도 있다.

영국 왕립학회가 이 같은 논란을 해소할 만한 문서를 공개한 바 있다. 이 문서는 뉴턴과 친분이 두터웠던 영국의 과학자 윌리엄 스터클리(1687~1765)가 쓴 〈아이작 뉴턴경의 삶에 대한 회고록〉이다. 스터클리는 뉴턴의 어린 시절부터 말년까지를 기록한 문서들을 묶어서 1752년에 영국 왕립학회에 제출했다.

사과나무 이야기는 이 문서의 42쪽에 나온다. 1726년 봄 어느 날 오후, 스터클리가 저녁을 먹고 난 후 뉴턴과 나눈 대화를 자세히 기록한 것이다. 당시 두 사람은 사과나무 아래에서 차를 마시고 있었다. 이 자리에서 뉴턴은 왜 항상 사과가 옆이나 위가 아니라 아래로 떨어지는지에 대한 궁금증이 생겼다고 이야기했다. 뉴턴은 지구가 사과를 끌어당기는 힘에 대해 알아야 한다고도 말했다. 즉, 사과가 떨어지는 것을 관찰하면서 그 뒤에 숨은 원리를 추측해내는 뉴턴의 이야기는 사실로 판명된 것이다.

뉴턴이 떠올린 중력의 개념은 물리학의 역사를 바꾸었다. 이후 아인슈타인이 1916년 일반 상대성 이론을 통해 '질량과 에너지로 인해 4차원의 시공간이 휘어져 나타나는 게 중력'이라고 설명하면서 중력 작용의 범위를 지구에서 우주의 시공간으로까지 확장시켰다.

그러나 중력이 무엇이고 왜 생기는지는 여전히 수수께끼다. 뉴턴과 아인슈타인의 중력 이론으로 우주선도 쏘아 올리고 우주 탄생의 비밀도 풀었는데 말이다. 실은 뉴턴이나 아인슈타인도 중력 작용에 대해 수식으로만 표현했을 뿐 그 실체를 설명하지는 못했다. 수많은 과학자들이 오늘도 중력의 비밀을 밝히기 위해 연구하고 있다.

라이프니츠의 미적분

고트프리트 라이프니츠는 독일의 철학자이자 수학자다. 라이프니츠는 미적분의 기초 개념, 기호 들을 수학적으로 정리했고, 1675년 〈분수에도 무리수에도, 장애 없이 적용할 수 있는, 극대와 극소, 또한 접선에 대한 새로운 방법, 그리고 그것을 위한 특이한 계산법〉이라는 논문으로 미적분에 대해 발표했다.

뉴턴이 물체의 움직임을 설명하기 위해 아주 작은 시간 간격 사이의 변화를 미분의 개념으로 설명한 반면, 라이프니츠는 좌표 평면 위에서 도형의 모양을 설명하기 위해 미분을 생각해냈다. 좌표 평면 위의 도형의 모양은 순간적으로 도형이 변화하는 모양들을 모두 합친 것으로 생각할 수 있다. 따라서 순간적으로 그래프가 변화하는 모양을 이해하는 것은 전체 그래프의 형태를 이해하는 첫걸음이라고 할 수 있다.

고트프리트 라이프니츠.

미적분 전쟁

영국의 수학자들은 라이프니츠가 뉴턴의 미발표 논문을 몰래 읽고 아이디어를 훔쳤다고 생각했다. 1673년 영국 왕립학회를 방문한 라이프니츠는 뉴턴이 발표하지 않은 미분 관련 논문들을 보았던 것으로 알려져 있고, 1676년 뉴턴은 미분에 대해 설명하는 편지를 라이프니츠에게 보내기도 했기 때문이다. 하지만 미분 관련 논문을 먼저 발표한 것은 라이프니츠이기 때문에 독일의 수학자들은 라이프니츠가 미분을 먼저 발명했다고 주장했다.

미적분을 누가 발명했는지 알아내기 위해 라이프니츠에게 미적분을 배운 수학자 베르누이는 다음과 같은 문제를 출제하기도 했다.

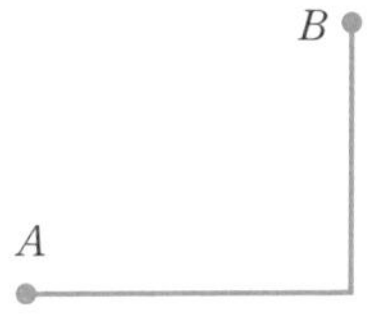

"높이가 다른 두 점(A, B)에서 물체를 가장 빠르게 내려오게 하는 선은 무엇인가?"

이 문제는 미적분의 개념을 이용해야만 풀 수 있다. 베르누이는 유럽의 여러 수학자에게 이 문제를 보냈다. 당시 이 문제는 겨우 4명만 풀었는데 그중 1명이 라이프니츠다. 그런데 4명 중 다른 1명은 아무런 이름을 쓰지 않고 베르누이에게 정답이 담긴 편지를 보낸다. 편지를 받아본 베르누이는 "사자는 발톱만 봐도 알 수 있다"

라며 편지의 주인이 뉴턴임을 알아챘다고 한다. 뉴턴과 라이프니츠 모두 미적분의 개념을 알고 있었던 것이다.

하지만 뉴턴과 라이프니츠 중 미분을 누가 발명한 것인지를 놓고 영국 수학자들과 독일 수학자들의 다툼은 점점 격해진다. 뉴턴과 라이프니츠 역시 사이가 안 좋았다고 한다. 둘 중 누가 미적분의 개념을 만들었는지에 대한 논쟁은 100년이 넘게 지속되었고, 1820년에 이르러 두 사람 모두 각자 독립적으로 발견했다고 인정되면서 두 사람은 미분의 동시 발견자로 기록되었다.

3D 프린터와 적분

컴퓨터에서 '컵'이라는 글자를 쓴 후 출력을 클릭하면 종이에 '컵'이라는 글자가 인쇄되어 나온다. 그런데 진짜 컵이 만들어져 나온다면 어떨까? 3D 프린터 덕분에 이러한 꿈같은 이야기가 우리 일상에서 이루어지고 있다.

3D 프린터는 입체적인 설계도만 있다면 종이에 인쇄하듯 3차원 물품을 찍어낼 수 있는 기계다. 1984년 미국의 발명가 찰스 헐이 설립한 회사 3D 시스템스에서 처음 발명했다.

그런데 이 3D 프린터의 기본 원리에 바로 적분이 담겨 있다. 3D 프린터의 제작 과정은 3단계로 구분할 수 있다. 첫 번째 단계는 컴퓨터 프로그램을 이용해 만들고자 하는 제품을 3차원으로 디자인한 후 저장하는 것이다. 두 번째 단계는 디자인한 3D 도면을 얇은 종이처럼 한 층 한 층 나누는 것이다. 마지막으로 얇은 층들을 다시 바닥부터 쌓아 올리는 적분의 과정을 통해 완성품을 만든다.

3D 프린터 개발 초창기에는 단순히 플라스틱 소재의 물건들을 만드는 데 그쳤던 반면, 최근에는 고무, 콘크리트, 식품 등 3D 프린터로 제작되는 물건의 원료가 다양해짐에 따라 건축물, 요리 등 다양한 분야에서 3D 프린터가 활용되고 있다.

5

측정 단위의 발달

변하지 않는
측정 단위는
어떻게 정할까?

1m

“Hi, everyone!”

갑자기 웬 영어냐고? 이번 방학에 선생님이 수학사 공부를 하러 전 세계를 여행하려고 계획 중이거든. 앞으로 세계의 여러 친구를 만나게 될 테니 인사말을 열심히 연습하고 있단다.

그리고 또 무엇을 준비해야 할까? 여권이랑 옷이랑 카메라랑…… 비상약도 챙겨야겠지. 짐이 한가득이겠는걸. 그럼, 이제 떠날 준비가 다 되었나?

아차차, 가장 중요한 돈을 준비하지 않았구나. 은행에서 우리나라 돈을 외국 돈으로 환전해야지. 그런데 나라마다 다른 화폐를 사용하는 것은 왜일까? 그건 화폐의 단위가 다르기 때문이란다. 우리나라에서는 원, 미국에서는 달러, 일본에서는 엔을 화폐 단위로 쓰고 있어. 세계 모든 나라가 같은 화폐를 사용하면 편할 텐데…….

그런데 여러 단위 중에서 전 세계 사람들이 공통적으로 쓰는 단위도 있단다. 바로 ‘미터(m)’라는 단위야. 너희들 100미터 달리기 알지? 만일 화폐처럼 나라마다 100미터의 길이가 다르다면 어떤 일이 생길까? 트랙의 길이가 나라마다 다르니 세계 최고라는 기록도 의미가 없을 거야.

전 세계 사람들이 미터라는 공통 단위를 사용하게 된 것은 프랑스 혁명을 통해서야. 1789년 시작된 프랑스 대혁명은 근대 민주주의의 시작을 알린 중요한 사건이지. 프랑스 혁명 이전의 단위는 어땠는지, 프랑스 혁명을 통해 미터라는 공통 단위가 어떻게 만들어졌는지 역사의 현장으로 함께 떠나보자.

원시 시대의 측정

미터 단위 이전의 측정 방법부터 알아보기 위해 체육 시간에 운동장에서 가로세로의 길이가 똑같은 발야구장을 그렸던 경험을 떠올려보자. 가로세로의 길이가 정확히 그려졌는지 확인하기 위해 일정한 보폭으로 선을 따라 걸어보았던 기억이 누구나 있을 것이다. 우리는 손으로 한 뼘, 두 뼘 세면서 길이를 가늠해보기도 하고, 내 키를 기준으로 친구들이 나보다 얼마나 크고 작은지 비교해보기도 한다.

원시 시대 사람들도 이와 같은 방법으로 길이를 쟀다. 숫자도 없어서 양 한 마리마다 돌 하나씩을 가져다 놓고 마릿수를 표시했던 원시인들이 지금의 우리처럼 편리하게 자를 만들어 길이를 잰다는 생각을 하기는 힘들었을 것이다.

하지만 원시인들에게도 길이를 나타내는 기준은 필요했다. 현재 있는 곳에서 얼마나 걸어가야 물이 있는지, 나무를 타고 얼마나 높이 올라가야 열매를 딸 수 있는지 설명하기 위해서는 모두에게 기준이 되는 단위가 필요했던 것이다.

이때 가장 편리한 방법이 신체 부위를 기준으로 설명하는 것이었다. 집에서 우물까지 가기 위해서는 내 걸음으로 몇 걸음을 가야 하고, 열매가 있는 나무의 높이는 내 키의 몇 배가 된다는 식의 설명은 '멀다, 가깝다', '높다, 낮다'라는 주관적인 설명보다 비교적 정확하게 길이를 나타낼 수 있었다.

최초의 길이 단위, 풋

사람들이 모여 살기 시작하고 사회가 점점 발전하면서 모든 사람이 공통적으로 사용할 수 있는 길이의 단위가 필요하게 되었다. 손바닥의 길이, 보폭, 키 등 신체 부위를 이용해 길이를 나타내다보니 사람마다 길이 단위가 달랐을 뿐 아니라 여러 번 계산해야 하는 불편함이 있었기 때문이다.

고대 국가들은 공통의 단위를 고안하기 위해 노력했다. 기록이 남아 있는 최초의 길이 단위는 기원전 2500년경 수메르 사람들이 사용한 풋(foot)이다. 수메르 사람들은 기원전 3500년경부터 메소

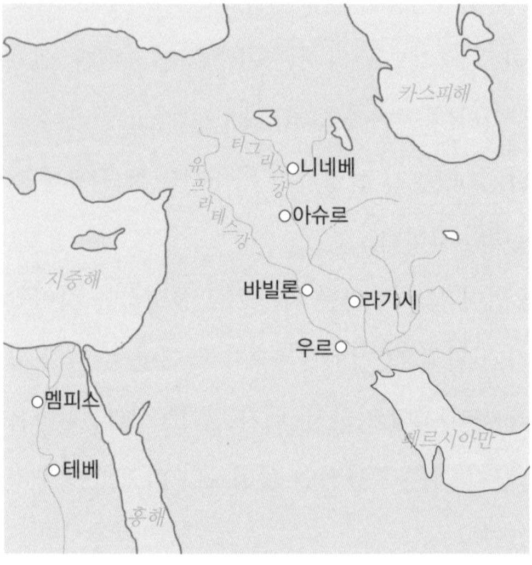

수메르 문명이 꽃핀 서남아시아 지역 티그리스강과 유프라테스강 사이에 있는 메소포타미아 평야는 물과 먹을거리가 풍부해 이곳을 중심으로 여러 도시 국가가 생겨났다. 기원전 2350년경에 아카드의 사르곤 1세는 수메르의 모든 도시 국가를 정복해 제국을 건설했다.

포타미아 남부에 있던 수메르 지방에 살았다. 기원전 2350년경 메소포타미아 북쪽의 아카드 사람들이 수메르 지방을 점령하고서 메소포타미아 문명을 이룩했기 때문에 메소포타미아 문명의 기초를 이룬 민족이라 할 수 있다.

풋은 성인 남자의 발가락 끝에서 발꿈치까지의 길이를 뜻하는 단위로 약 15센티미터다. 이 단위는 수메르뿐 아니라 이집트, 로마에서도 사용되었고, 오늘날 미국과 영국에서 사용되는 피트(feet)의 기원이 되었다. 피트는 풋의 복수형으로 1피트는 30.48센티미터다.

노아는 어떻게 방주를 만들었을까?

너는 잣나무로 너를 위해 방주를 짓되 그 안에 칸들을 막고 역청으로 그 안팎을 칠하라. 네가 만들 방주는 이러하니 그 길이는 300큐빗, 너비는 50큐빗, 높이는 30큐빗이라. 거기에 창을 내되 위에서부터 한 큐빗에 내고 그 문은 옆으로 내고 상중하 3층으로 할지니라.

암호같이 느껴지는 이 글은《성경》에 나오는 구절이다.《성경》을 보면, 사람들이 악행을 저질러 세상을 어지럽히자 하느님이 큰 홍수를 일으켜 사람들에게 벌을 주려고 한다. 다만 하느님의 말씀대로 바르게 산 노아와 그의 가족만은 살려주기로 약속하고 노아에게

노아의 방주를 실제로 만들 수 있을까?

《성경》에서 '배'라는 쉬운 단어 대신 '방주'라는 어려운 단어를 사용한 이유는 무엇일까? 방주에는 돛, 키 등 일반적으로 배에 있는 도구들이 없다. 또한 방주는 물 위에서의 이동 수단이 아니라 물건들을 안전하게 띄우기 위해 만든 배를 뜻한다. 그래서 영어로 된《성경》을 보면 방주를 'ark(상자라는 뜻)'라는 단어로 쓰고 있다.

수메르 사람들이 사용한 1큐빗의 길이는 약 51센티미터이지만, 시대에 따라 조금씩 차이가 난다. 1큐빗을 최소 45센티미터로 계산해도 방주의 길이는 135미터(300큐빗), 너비 22.5미터(50큐빗), 높이 13.5미터(30큐빗)가 된다. 이러한 방주의 부피를 계산하면 약 4만 1006세제곱미터(m^3)가 되는데, 이는 물건을 실어 나르는 화물 기차 522칸 정도의 규모다. 그렇다면 이 안에 과연 동물들이 얼마나 들어갈 수 있었을까?

미국의 동물 분류학자인 어니스트 마이어의 분류표에 따르면, 현존하는 동물의 종류는 100만여 종이다. 이 가운데 94만 2400종 이상은 물속에 사는 동물이기 때문에 노아의 방주에 탈 필요가 없었다. 또 고래 등의 포유동물과 양서류의 대부분, 물속에서 살 수 있는 곤충들은 노아의 방주에 타지 않아도 홍수에서 살아남을 수 있었다.

네덜란드의 건축업자 요한 하위버르스가 실제 기록에 근거해 제작한 노아의 방주.

따라서 최대한으로 계산해도 1만 7600종이 방주에 들어갔다고 생각할 수 있는데, 이들을 암수 한 쌍씩으로 계산하면 3만 5200마리가 된다. 코끼리처럼 몸집이 큰 동물도 있고 생쥐같이 작은 동물도 있지만, 평균적인 동물 한 마리의 부피를 양 한 마리로 가정해보자. 이때 양 한 마리의 평균 부피가 0.4세제곱미터 정도라고 생각한다면, 전체 동물의 부피는 1만 4080세제곱미터($0.4m^3 \times 35,200$)로 방주의 3분의 1 정도에 불과하다. 즉 노아는 방주에 동물들을 충분히 싣고도 남는 3분의 2의 공간을 다른 용도로 사용할 수 있었을 것이다.

커다란 배를 만들도록 지시한다.

여기에 나오는 큐빗(cubit)은 풋 이후 최초로 기록에 남겨진 길이 단위다. 큐빗은 팔꿈치를 뜻하는 단어 'cubatium'에서 유래되었으며, 처음에는 수메르 사람들이 사용하다 나중에는 이집트까지 널리 사용되었다. 1큐빗은 팔꿈치에서 가운뎃손가락 끝까지의 길이를 뜻한다. 수메르에서 사용한 1큐빗을 나타내는 청동 막대는 51.72센티미터였다.

이집트 사람들의 큐빗 사용

1큐빗의 길이는 나라와 시대에 따라 다르게 정해졌다. 수메르 사람들이 사용하던 큐빗 단위를 알게 된 이집트 사람들은 처음에는 개개인의 가운뎃손가락 끝에서 팔꿈치까지의 길이 약 46센티미터를 1큐빗으로 여겼다.

하지만 다양한 건축물과 세공품을 만들었던 이집트에서는 풋이나 큐빗으로 길이를 나타내는 데 한계가 있었다. 가령 4.6센티미터의 길이를 눈금의 간격이 10센티미터인 자로 잰다고 상상해보자. 대략 10센티미터의 절반 정도의 길이라고밖에 표현할 수 없을 것이다. 이런 이유로 이집트 사람들은 큐빗을 좀 더 작은 단위로 나누기 시작했다.

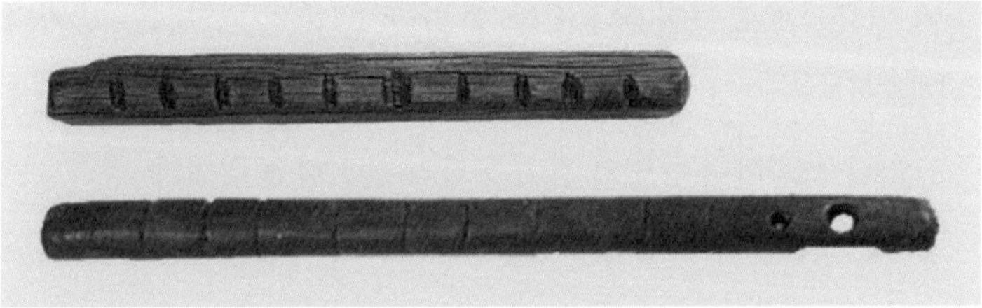

고대 이집트에서 사용했던 자 고대 이집트에서는 길이를 잴 때 도구를 사용했지만, 정확하고 구체적으로 길이를 재는 데에는 한계가 있었다.

우리 팔에서 1큐빗을 찾아보자. 가운뎃손가락 끝에서 팔꿈치까지의 길이를 보면 된다. 다른 손으로 이 길이가 몇 뼘이나 되는지 재어보자. 대략 두 뼘이면 자신의 1큐빗을 잴 수 있다. 고대 이집트 사람들은 2분의 1큐빗을 1뼘(이집트어로 *spd*)으로 정했다.

집게손가락부터 새끼손가락까지의 폭으로는 6번 정도면 1큐빗을 잴 수 있다. 따라서 6분의 1큐빗을 1손(이집트어로 *šsp*)으로 사용했다. 1손에는 4개의 손가락이 들어가므로 1큐빗에는 24개의 손가

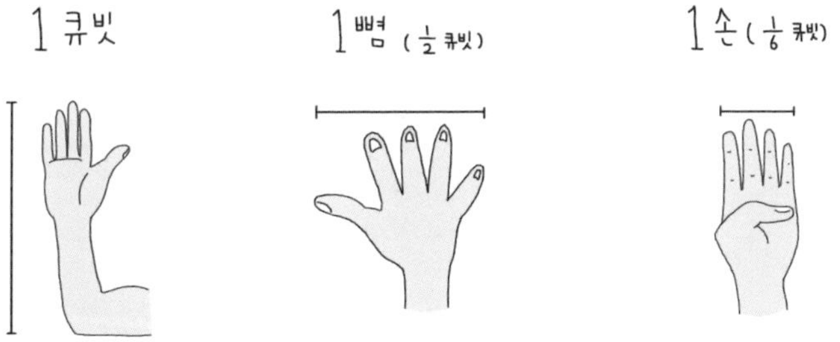

큐빗을 기본으로 한 측정 단위.

락이 평균적으로 들어간다고 할 수 있다. 24분의 1큐빗은 1손가락(이집트어로 *db*)으로 사용했다.

그러나 사람마다 큐빗의 길이가 달라 불편함을 겪었다. 파라오는 이를 해결하기 위해 왕립주큐빗(Royal Master Cubit)이라는 큐빗의 기본 단위를 제정했다. 왕립주큐빗은 약 52센티미터로, 7개 손(*šsp*) 또는 28개 손가락(*db*)에 해당하는 길이였다. 이 큐빗은 거대한 피라미드를 지을 때에도 기준 단위로 사용되었다. 이후 이집트에서는 왕조가 바뀌면 1큐빗의 기준 길이가 바뀌기도 했다.

강이 자주 범람했던 고대 이집트에서는 농토를 측량하는 일이 많았다. 하지만 이집트 사람들이 큐빗이라는 작은 단위로 땅의 너비를 재는 데에는 어려움이 있었다. 그래서 먼 거리를 측정할 수 있도록 두 도시 사이의 거리를 기준으로 한 이트루(itrw)와 같은 큰 단위를 사용하기도 했는데, 1이트루는 2만 큐빗(약 10.5킬로미터)에 해당했다.

영국의 야드법

그리스나 로마에서도 신체를 이용해 길이를 재는 방법이 사용되었다. 성인 남자가 걸을 때 왼발과 오른발 사이의 간격을 뜻하는 1페이스(pace), 1페이스의 1000배인 1마일(mile) 등 새로운 단위가 탄생하기도 하고 사라지기도 했다. 하지만 여전히 기본적인 측정 단위의 기준은 사람의 신체 부위였다.

이러한 측정 방법을 근대적인 방법으로 체계화한 사람은 영국의 왕 에드워드 1세였다. 에드워드 1세는 체계적으로 법을 정리하고 재판소와 의회를 정비하는 등 근대화를 위해 노력한 선각자였다. 당시 영국에서는 지역마다 측정 단위가 각기 달라 〈대헌장〉에까지 곡식과 술의 측정에 대한 잘못을 고치도록 하는 글귀가 들어갈 정도였다. 에드워드 1세는 이를 바로잡기 위해 '도량형(度量衡)에 대한 각령'이라는 포고령을 내렸다. 여기에는 길이(度), 부피(量), 무게(衡)의 단위와 표준이 구체적으로 정해져 있었다.

1인치(inch)는 보리 이삭의 가운데 부분에서 채취한 둥근 낟알을 건조시켜 3개를 합한 길이로 정했다. 이는 로마 시대에 사용된 풋과 풋보다 큰 벨직풋(Belgic/Drusian foot)의 절충안으로 만든 것이었다.

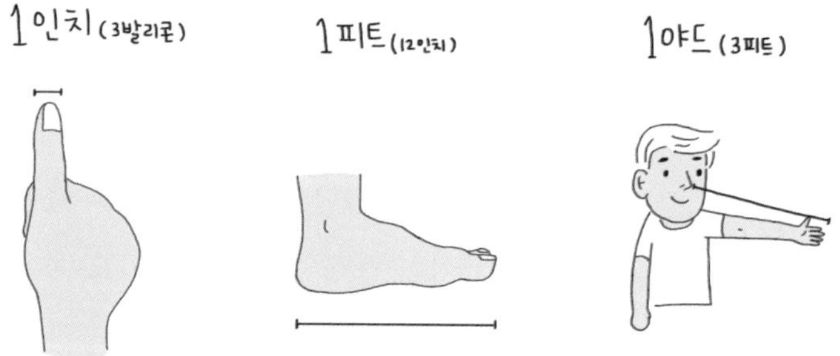

인치를 기본으로 한 측정 단위.

알곡 3개를 합한 평균 길이는 오늘날 우리가 쓰는 인치보다 약간 길다. 즉 보리 낟알 3개를 뜻하는 3발리콘(barleycorn)은 1인치이고, 12인치는 1피트가 된다. 그리고 3피트는 1야드(yard)인데, 야드는 팔을 옆으로 쭉 폈을 때 코에서 가운뎃손가락 끝까지의 길이를 뜻하는 단위로 약 91센티미터다.

도량형의 기준이 정해진 후, 국가에서는 이를 토대로 청동이나 황동으로 길이의 표준 모형을 만들었다. 그러나 단위 계산에서 약간의 오류가 발견돼 1496년에 1차 수정을 했고, 1588년 엘리자베스 1세 때 한 번 더 수정해 단위 체계를 확립했다. 이를 야드법이라고 한다.

야드법은 바빌로니아에서 사용한 60진법을 기반으로 고대 단위 체계를 발전시킨 도량형이다. 신체 길이를 기준으로 한 고대의 단위에 60의 약수들을 사용해 길이 단위 간 관계를 나타내다보니 일정한 기준이 없어졌다. 예를 들어 야드법에서 1피트는 10인치가 아닌 12인치이고, 1야드는 12피트가 아닌 3피트다.

이후 현재 우리가 쓰고 있는 미터법이 국제 표준 단위로 인정받았으나 영국과 미국에서는 여전히 야드법을 실생활에서 사용하고 있다. 미국의 과학자들도 이러한 길이 단위가 국제 표준과 동떨어져 있어서 많은 문제를 일으킨다는 것을 알고 있다. 일례로 1999년 9월 화성 궤도를 돌다가 착륙하기로 예정돼 있던 미국의 무인 우주선 오비터가 미터를 사용하는 연구원과 피트를 사용하는 연구원 간의 계산 차이로 추락하기도 했다.

그래서 미국의 과학자들은 야드법 대신 국제 표준인 미터법으로 도량형을 바꾸려고 했으나 의회에서 부결되었다. 그 이유는 길이 단위를 바꾸는 데 많은 돈이 들 뿐 아니라 국민들이 바뀐 단위에 쉽게 적응하지 못해 국가적 낭비로 이어질 것이라는 우려 때문이었다.

세계 공통의 기준, 미터법의 탄생

지금처럼 모든 사람이 평등한 권리를 갖는 민주주의 사회가 시작되기 전에는 모든 특혜가 왕이나 소수의 귀족에게 집중되었고, 대다수의 시민은 불평등한 대우를 받았다. 많은 토지를 소유한 귀족들은 농민들로부터 거둬들인 소작료로 사치스러운 생활을 했으며, 시민들은 무거운 세금 때문에 고통스러운 생활을 이어갔다. 게다가 당시의 자, 되, 저울과 같은 도량형에 일정한 기준이 없었기에 시민들은 세금을 내거나 물건을 팔 때 엄청난 손해와 불편을 감수해야 했다.

결국 분노한 시민들은 왕과 귀족들의 정치에 반기를 들고 바스티유로 향했다. 이것이 바로 1789년에 일어난 프랑스 혁명이다. 자유롭고 평등한 사회를 이룩하려는 수많은 사람의 희생으로 오늘날의 시민 사회가 건설될 수 있었던 것이다.

국왕의 전제 정치를 몰아내고 세워진 프랑스 혁명 정부가 가장 먼저 한 일은 도량형을 통일하는 것이었다. 혁명 정부는 프랑스 과학 아카데미에 길이 단위의 결정 기준을 조사하라는 과제를 내렸다. 이처럼 단위를 법으로 명시하려는 당시의 노력은 '모든 사람을 위한, 모든 시대를 위한' 것이었다.

장피에르 우엘의 그림 〈바스티유 감옥의 습격〉과 도량형의 기준 시민들이 구체제의 상징인 바스티유 감옥을 함락시킨 이후, 혁명의 불길은 지방에까지 번져나갔다. 현재 세계적으로 통용되는 미터법은 혁명 직후에 만들어졌다. 오른쪽은 1미터와 1리터의 기준이 된 자와 병이다.

장 들랑브르(왼쪽)와 피에르 메생(오른쪽) 들랑브르와 메생은 자오선의 길이를 정확하게 측정하기 위해 1792년 6월 각각 파리의 북쪽과 남쪽으로 떠났다. 들랑브르는 싣고 가던 관측기구들이 고성능 무기로 오인받아 민병대에 몰수당할 위기에 처하기도 하고, 메생은 바르셀로나에서 잠시 머무르는 동안 늑골이 골절되는 중상을 입기도 했다. 이런 우여곡절 끝에 1미터의 기준이 마련되었다.

당시 정치가였던 탈레랑 페리고르(1754~1838)는 사람의 팔다리처럼 사람마다 길이가 제각각이 아니라 '미래에도 영원히 변하지 않는 것'을 단위의 기준으로 삼아야 한다고 주장했다. 이에 프랑스 과학 아카데미에서는 지구의 적도에서 북극까지 지구 자오선 길이의 1000만 분의 1을 단위로 삼기로 했다. 1792년 장 들랑브르(1749~1822)와 피에르 메생(1744~1804)은 자오선의 길이를 측정하기 위해 파리의 북쪽과 남쪽으로 각각 7년간의 긴 여행을 떠났다. 두 사람은 각자 파리에서 북극까지의 거리, 파리에서 적도까지의 거리를 측정하고 돌아왔다. 그러고 나서 이를 바탕으로 북극과 적도 사이의 거리를 계산하고, 이를 다시 1000만 분의 1로 나누었다. 이렇게 나눈 값이 1미터의 시초다.

미터법은 프랑스 혁명과 나폴레옹의 승리로 유럽에 빠르게 전파되었다. 그동안 사용해오던 단위를 교체하는 데에는 오랜 시간이 걸렸으나 미터법의 우수함이 증명되면서 차츰 미터법을 사용하는 나라가 늘어났다. 1889년에 세계 각국의 대표들이 모여 제1차 국제도량형 총회를 개최했다. 일상생활뿐 아니라 나라 간의 무역에서도 길이의 기준이 달라 생기는 불편함이 많았기 때문이다. 이 회의에서 최종적으로 미터법이 확립되었는데, 백금으로 1미터의 길이를 만들어 '미터원기(meter原器)'라 명하고 세계 미터법 길이의 기준으로 삼았다.

그 후 북극과 남극 사이의 자오선 길이를 다시 정밀하게 잰 결과 1700미터가 더 길다는 것이 밝혀졌다. 1983년 제17차 국제 도량형 총회에서는 1미터를 빛이 진공에서 2억 9979만 2458분의 1초 동안 나아간 길이로 고쳐서 정의하기로 결정했다.

미터와 센티미터

전 세계 사람들이 미터를 기준으로 삼는다면 우리 필통 속에 있는

자의 센티미터는 어디서 온 것일까? 사실 센티미터, 킬로미터와 같은 길이의 단위는 미터를 기준으로 결정하게 된다. 우리가 일상에서 자주 쓰는 센티미터, 미터, 킬로미터 외에도 미터에서 갈라져 나온 여러 가지 단위가 있다. 다음 표를 참고해보자.

아토미터(am)	1000분의 1펨토미터	1m÷1,000,000,000,000,000,000
펨토미터(fm)	1000분의 1피코미터	1m÷1,000,000,000,000,000
피코미터(pm)	1000분의 1나노미터	1m÷1,000,000,000,000
나노미터(nm)	1000분의 1마이크로미터	1m÷1,000,000,000
마이크로미터(μm)	1000분의 1밀리미터	1m÷1,000,000
밀리미터(mm)	1000분의 1미터	1m÷1,000
센티미터(cm)		1m÷100
데시미터(dm)		1m÷10
미터(m)		
데카미터(dam)		10×1m
헥토미터(hm)		100×1m
킬로미터(km)	미터의 1000배	1000×1m
메가미터(Mm)	킬로미터의 1000배	1,000,000×1m
기가미터(Gm)	메가미터의 1000배	1,000,000,000×1m
테라미터(Tm)	기가미터의 1000배	1,000,000,000,000×1m
페타미터(Pm)	테라미터의 1000배	1,000,000,000,000,000×1m
엑사미터(Em)	페타미터의 1000배	1,000,000,000,000,000×1m

미터(m)에서 파생된 단위들.

킬로미터(km)의 k(kilo)는 1000배라는 뜻이다. 킬로미터 이외에도 킬로그램(kg, g의 1000배), 킬로리터(kL, L의 1000배) 등의 단위에 공통적으로 사용된다. 헥토, 데카와 같은 접두어가 붙는 단위는 길이 외에도 무게, 부피 등의 단위와 함께 사용된다.

측정 기술이 발전하면서 단위는 더욱 세분화되고 있다. 반도체를 만들 때 사용하는 단위인 나노미터부터 행성과 지구 사이의 거리를 나타내는 광년까지, 과학 기술의 필요에 의해 단위는 계속 생겨나고 있다. 야드법처럼 관습적으로 사용하는 길이 단위가 여전히 남아 있기는 하다. 하지만 오늘날 세상 어디를 가도 1센티미터를 동일한 길이로 나타낼 수 있다.

킬로그램을 약속하는 원기

무게의 단위 역시 각 나라별로 차이가 있었다. 하지만 1889년 제1차 국제 도량형 총회 이후 전 세계는 무게의 기준을 1킬로그램(kg)으로 하는 데 합의했다.

1킬로그램은 3.98도의 온도에서 가로, 세로, 높이가 각각 10센티미터인 직육면체에 물을 가득 채웠을 때의 무게, 즉 1리터의 무게를 의미한다. 그러나 1리터의 물을 정확히 측정하는 데 어려움이 있었기 때문에 1799년 이와 무게가 똑같은 분동을 만들었다. 이를 '백금 원기'라고 한다. 이후 원기가 튼튼하지 않다는 문제가 지적되면서 새로운 재료를 연구했고, 그 결과 1875년에 새로운 원기가 만들어졌다. 이것이 지금까지 사용되고 있는 '국제 킬로그램원기'다. 이 원기의 1킬로그램이 국제 표준으로, 다른 모든 물질의 무게는 이 분동을 기준으로 하여 결정된다.

국제 킬로그램원기
(컴퓨터 그래픽 복원도).

6

삼각비와 정수론

삼각비가
필요했던 이유는
무엇일까?

c
b
θ
a

“내 사전에 불가능이란 없다.”

1769년 코르시카섬에서 태어나 프랑스 황제가 된 나폴레옹이 한 이야기란다. 나폴레옹은 30대 초반에 유럽의 절반을 제패하고, 프랑스의 교육, 종교, 문화, 법률 등 다양한 분야의 기초를 다진 인물이지.

나폴레옹은 어려서부터 수학을 잘했고, 그 덕분에 열여섯 살에 대포를 쏘는 포병 장교가 될 수 있었어. 수학을 사랑한 황제 나폴레옹은 수학을 잘해야 전쟁에서 이길 수 있다고 믿었단다. 그 때문에 나폴레옹이 만든 군사 학교 ‘에콜 폴리테크니크’는 수학을 필수적으로 가르쳤다고 해.

전쟁의 승리를 위해 나폴레옹이 이용한 수학이 무엇인지 함께 만나보자.

프랑스 혁명과 나폴레옹의 등장

프랑스 혁명으로 당시 프랑스 황제였던 루이 16세는 처형되었고, 프랑스는 왕이 다스리지 않는 국가, 즉 공화정이 되었다. 이후 프랑스 혁명이 주변 국가로 번질까 봐 걱정했던 영국, 오스트리아 등은 동맹을 결성해 프랑스를 공격했다. 프랑스 내에서도 혁명에 반대하는 시위가 끊임없이 일어나 사회가 불안해졌다.

혁명 이후 혼란에 빠진 프랑스를 다시 세운 사람은 나폴레옹 보나파르트(1769~1821)였다. 당시 여러 전쟁에서 큰 승리를 거두었던 나폴레옹은 1799년 쿠데타를 통해 정권을 장악한 후 1804년 국민투표를 거쳐 황제가 되었다.

자크 루이 다비드의 그림 〈알프스산맥을 넘는 나폴레옹〉.

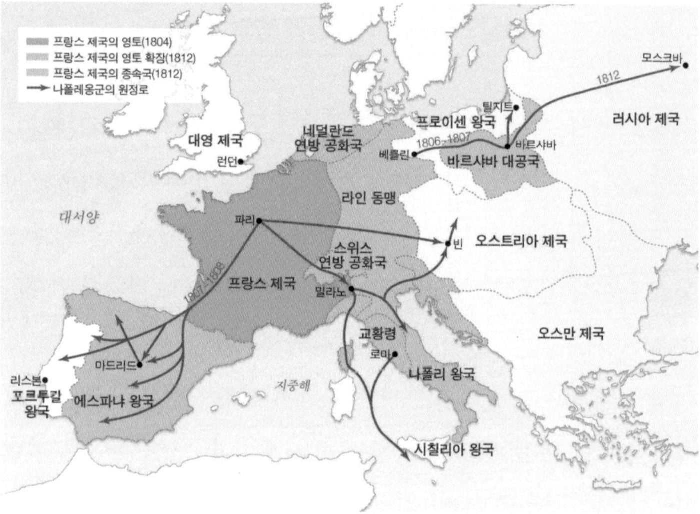

나폴레옹의 유럽 원정과 프랑스의 영토 확장.

황제가 된 나폴레옹은 유럽 대륙 대부분을 정복했다. 이후 유럽 국가들이 동맹을 맺고 프랑스를 공격했으며, 결국 나폴레옹은 몰락했다.

나폴레옹은 전 유럽을 전쟁의 소용돌이에 빠뜨렸다. 그러나 프랑스 혁명 정신을 반영한 나폴레옹 법전을 편찬하는 등 프랑스가 근대 국민 국가로 발전하는 데 이바지했다.

나폴레옹은 "수학의 발전은 국력에 비례한다"라고 말했을 정도로 수학 예찬론자였다. 특히 나폴레옹은 삼각형의 성질을 이용해 전쟁마다 승리했다고 알려져 있다.

삼각비로 쏘아 올린 대포

데카르트가 좌표 평면을 발명했지만 여전히 전쟁에서 포탄을 목표 지점에 정확하게 맞히기는 쉽지 않았다. 아군으로부터 적이 얼마나 떨어져 있는지를 가늠하기가 어려웠기 때문이다. 대포를 사용한 전쟁 초기에는 몇 번 대포를 쏘아보면서 대포의 각도를 조절했다. 그러나 전쟁에서 이 같은 시도는 비효율적일뿐더러 적에게 아군의 위치를 노출할 위험이 있었다. 따라서 적을 한 번에 명중시키려면 적과의 정확한 거리를 계산할 필요가 있었다. 이때 사용된 것이 '삼각비'다. 나폴레옹은 이 삼각비를 이용해 대포를 잘 다루어 많은 전쟁에서 승리했던 것으로 유명하다.

그리스에서 처음 만들어진 삼각비는 인도를 거쳐 아라비아에서 크게 발전했다. 삼각비란 직각 삼각형에서 세 변의 길이의 비를 뜻한다. 예를 들어 다음과 같은 직각 삼각형을 살펴보자.

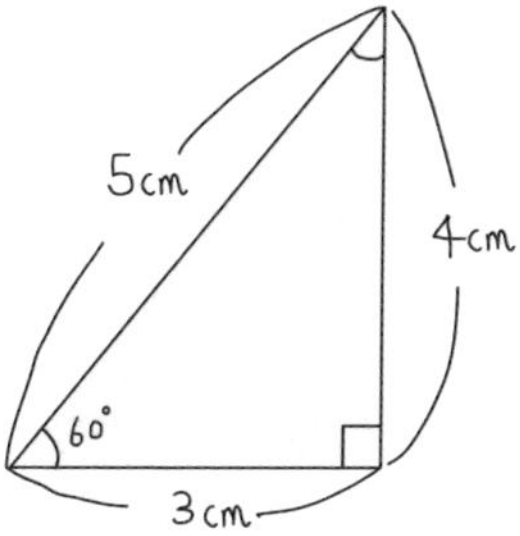

여기서 가장 긴 변과 가장 짧은 변의 비는 5 : 3이고 $\frac{5}{3}$로 나타낼 수 있다. 고대 그리스 사람들은 삼각형 내각의 합은 항상 180도이므로, 직각 삼각형에서 직각을 제외한 한 각의 크기가 같을 때 직각 삼각형은 항상 서로 닮음이 되어 변의 비율이 일정하다는 것을 밝혀냈다. 그리고 그 비율을 표로 정리해 사용했다. 이것이 바로 삼각비다.

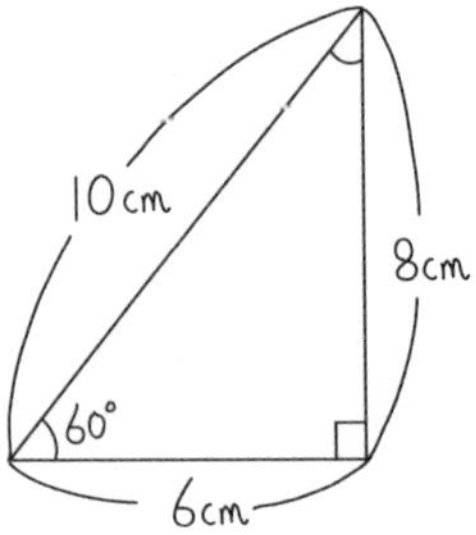

가장 긴 변 : 가장 짧은 변

$= 10 : 6$

$= \frac{10}{6}$

$= \frac{5}{3}$

삼각비 표의 응용

삼각비에서 중요한 것은 직각 삼각형에서 직각을 제외한 나머지 한 각의 크기다. 삼각형의 내각의 합은 180도이므로, 직각이 아닌 한 각의 크기를 알면 남은 한 각의 크기는 당연히 알아낼 수 있기 때문이다. 따라서 삼각비의 값을 다음과 같이 하기로 약속했다. 일반적으로 높이와 마주 보는 각을 θ(세타)라고 하고, θ를 중심으로 $\frac{높이}{빗변}$, $\frac{밑변}{빗변}$, $\frac{높이}{밑변}$를 각각 sinθ(사인세타), cosθ(코사인세타), tanθ(탄젠

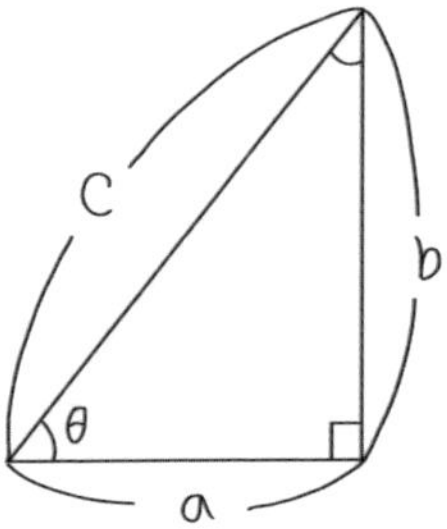

$$b : c = \frac{b}{c} = \sin\theta$$

$$a : c = \frac{a}{c} = \cos\theta$$

$$b : a = \frac{b}{a} = \tan\theta$$

트세타)로 약속한다.

당시의 사람들은 이를 바탕으로 삼각비 표를 만들어 별을 관측하거나 땅을 측정할 때 사용했다.

전쟁터에서 대포를 쏠 때도 삼각비를 이용해 정확한 거리를 계산했다. 그 방법을 자세히 알아보자.

다음 그림과 같이 아군을 적과 일직선상에 두고, 파수꾼을 이용해 직각 삼각형 형태를 만든다. 이때 파수꾼의 위치에서 아군과 적이 보이는 각도를 측정하면 대략적인 적의 위치를 구할 수 있다.

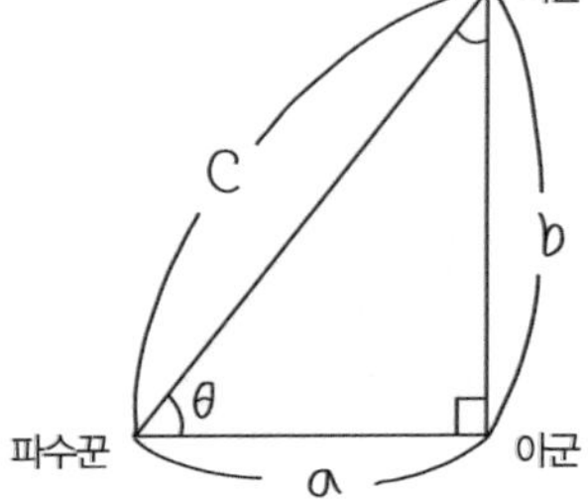

예를 들어 파수꾼의 위치에서 아군과 적이 보이는 각도가 45도이고, 파수꾼과 아군이 떨어진 거리가 1킬로미터라면, b : a 즉 $\frac{b}{a}$ = $\tan 45^\circ = 1$이고, $\frac{b}{1} = 1$이 되어 b의 거리는 1킬로미터가 되는 것이다.

θ	sinθ	cosθ	tanθ	θ	sinθ	cosθ	tanθ
0°	0.0000	1.0000	0.0000	45°	0.7071	0.7071	1.0000
1°	0.0175	0.9998	0.0175	46°	0.7193	0.6947	1.0355
2°	0.0349	0.9994	0.0349	47°	0.7314	0.6820	1.0724
3°	0.0523	0.9986	0.0524	48°	0.7431	0.6691	1.1106
4°	0.0698	0.9976	0.0699	49°	0.7547	0.6561	1.1504
5°	0.0872	0.9962	0.0875	50°	0.7660	0.6428	1.1918
6°	0.1045	0.9945	0.1051	51°	0.7771	0.6293	1.2349
7°	0.1219	0.9925	0.1228	52°	0.7880	0.6157	1.2799
8°	0.1392	0.9903	0.1405	53°	0.7986	0.6018	1.3270
9°	0.1564	0.9877	0.1584	54°	0.8090	0.5878	1.3764
10°	0.1736	0.9848	0.1763	55°	0.8192	0.5736	1.4281
11°	0.1908	0.9816	0.1944	56°	0.8290	0.5592	1.4826
12°	0.2079	0.9781	0.2126	57°	0.8387	0.5446	1.5399
			⋮				

삼각비 표.

삼각형의 닮음을 활용한 나폴레옹

나폴레옹은 전쟁터에서 삼각비뿐 아니라 삼각형의 닮음을 이용한 것으로 알려져 있다. 아무런 도구 없이 강의 너비를 알아낸 이야기는 그의 뛰어난 수학 실력을 잘 보여준다.

나폴레옹 군대가 독일과 싸울 때였다. 나폴레옹은 강 건너편에 있던 독일군을 공격하기 위해 강 너비가 얼마나 되는지 알아내야 했다. 하지만 전쟁 중에 강의 너비를 구하기는 쉽지 않았다. 이때, 나폴레옹이 쓰고 있던 모자를 기울여서 강 건너편의 한 지점과 일직선이 되도록 만들었다.

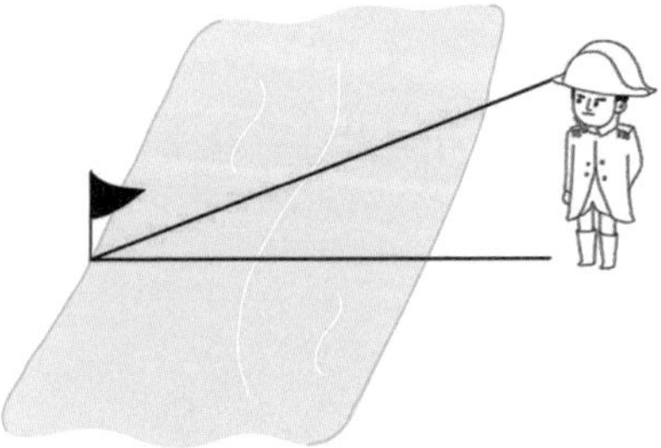

나폴레옹은 모자의 기울인 각도를 그대로 유지한 채 모자의 챙이 나폴레옹이 서 있던 쪽의 땅이 보일 때까지 조금씩 뒤로 물러났다. 그러고 나서 나폴레옹이 원래 서 있던 곳에서 뒤로 물러난 지점까지의 거리를 재었는데, 바로 강의 너비와 똑같았다.

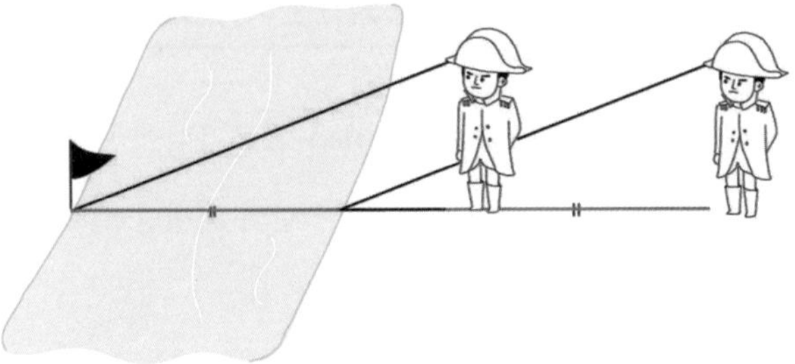

어떤 원리를 이용해 강의 너비를 구한 것일까? 나폴레옹은 삼각형 내각의 합은 180도라는 점을 이용했다. 나폴레옹이 땅과 수직으로 섰다고 할 때 모자의 챙의 각도가 같다면 나머지 한 각의 크기도 같다. 세 각의 크기가 같을 때 두 삼각형은 닮음이므로 대응하는 한 변의 길이가 같을 때 나머지 두 변의 길이는 같다. 따라서 나폴레옹이 물러난 거리가 바로 강의 너비임을 알 수 있다.

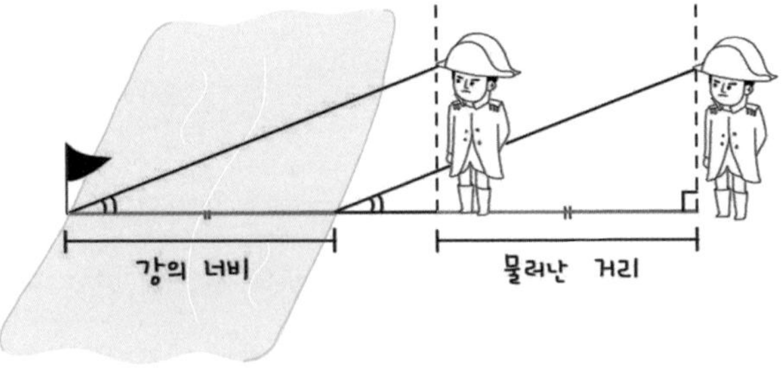

나폴레옹이 존경한 수학자, 가우스

나폴레옹이 독일을 침공했을 때 가우스가 사는 마을은 공격하지 않았다고 알려져 있다.

독일의 수학자인 카를 프리드리히 가우스(1777~1855)는 벽돌 굽는 일을 하는 가난한 가정에서 태어났다. 가우스의 아버지는 가우스가 자신처럼 벽돌 노동자가 되기를 원했다. 그러나 공부하는 것을 좋아했던 가우스는 어머니와 삼촌의 지원 덕분에 위대한 수학자가 될 수 있었다. 77세의 나이로 사망한 가우스는 수학뿐 아니라 과학, 천문학 등 여러 분야에서 수많은 업적을 남겼다.

카를 프리드리히 가우스 천재라 불리며 세계 3대 수학자 중 한 명으로 칭송받았다.

가우스는 아르키메데스, 아이작 뉴턴과 함께 세계 3대 수학자들 중 한 명으로 칭송받았다. 가우스가 77세의 나이로 사망한 후 사람들은 그 천재성을 분석하기 위해 그의 뇌를 따로 보존해 연구하기도 했다.

나는 말을 하기 전에 이미 계산할 수 있었다

가우스는 줄곧 "나는 말을 하기 전에 이미 계산할 수 있었다"라고 이야기했다고 한다. 가우스의 수학 실력을 보여주는 일화가 있다.

가우스가 열 살 되던 해 수학 시간, 그를 지도하던 뷔트너 선생님은 학생들에게 1부터 100까지의 합을 구해보라고 했다. 학생들은 보통 그러한 문제를 받으면 그 문제를 제일 먼저 푼 학생부터 순서대로 선생님의 책상 위에 공책을 제출했다.

뷔트너 선생님은 학생들이 문제를 푸는 동안 자신이 편히 쉴 수 있으리라 생각했다. 하지만 문제를 낸 지 몇 초 지나지 않아 가우스가 앞으로 나와 책상 위에 공책을 올려놓으면서 그 기대는 무너졌다. 가우스의 공책에는 아무런 계산의 흔적 없이 단지 5050이라고만 써 있었다. 가우스는 선생님에게 다음과 같이 설명했다.

1+100=101, 2+99=101, 3+98=101…, 49+52=101, 50+51=101이고,

이것들의 합은 101이 50개이므로 101×50=5050입니다.

이 사건으로 뷔트너 선생님은 가우스에게는 더 이상 가르칠 게 없다고 생각해 함부르크에서 주문한 더 좋은 수학 책을 주었다고 한다.

가우스와 정수론

가우스는 '정수론'의 아버지로 알려져 있다. 정수론 또는 수론은 수학의 한 분야로, 각종 수의 성질을 분석한다. 5의 배수, 30의 약수와 같이 수의 약수와 배수를 찾는 것 역시 정수론의 한 예다. 가우스는 "과학의 여왕은 수학이고 수학의 여왕은 정수론이다"라고 말하기도 했다.

가우스의 정수론 연구는 대학교 이상에서 배울 수 있는 어려운 내용이 대부분이다. 그중 쉽게 이해할 수 있는 소수에 대한 연구를 살펴보자. 소수는 양의 정수 중 약수가 1과 자기 자신만 있는 수를 뜻한다. 예를 들어 1부터 9까지 수의 약수를 살펴보면, 2부터

자연수	약수	
1	1	
2	1, 2	소수
3	1, 3	소수
4	1, 2, 4	
5	1, 5	소수
6	1, 2, 3, 6	
7	1, 7	소수
8	1, 2, 4, 8	
9	1, 3, 9	

9까지의 수 중에서 약수가 2개인 소수는 2, 3, 5, 7이다. 1은 약수가 1 하나밖에 없으니 소수라고 할 수 없다. 소수에 대한 연구 역시 수의 특징을 분석하므로 정수론의 한 분야다.

소수와 달리 약수가 3개 이상인 수를 합성수라고 한다. 따라서 자연수는 약수를 기준으로 소수도 합성수도 아닌 수 1, 약수가 2개인 소수, 약수가 3개 이상인 합성수로 분류할 수 있다.

소수의 연구

소수를 이해하고 찾기 위한 노력은 아주 오래전부터 있었다. 소수에 대한 최초의 기록은 기원전 1650년경에 제작된 것으로 추측되는 고대 이집트 문서인 《린드 파피루스》에서 찾을 수 있다. 소수에 대한 언급은 없지만 $\frac{1}{3}$, $\frac{1}{5}$과 같이 분모가 소수인 분수들이 별도로 적혀 있는 것을 확인할 수 있다.

소수를 연구한 최초의 기록은 고대 그리스에서 기원전 300년경에 만들어진 유클리드의 《원론》이다. 《원론》에는 소수의 정의와 소수가 무한히 많다는 수학적 증명이 기록되어 있다. 이후 고대 그리스 수학자 에라토스테네스는 '에라토스테네스의 체'라는 소수를 찾는 방법을 고안하기도 했다.

에라토스테네스의 체를 사용하는 방법은 다음과 같다. 우선 소수

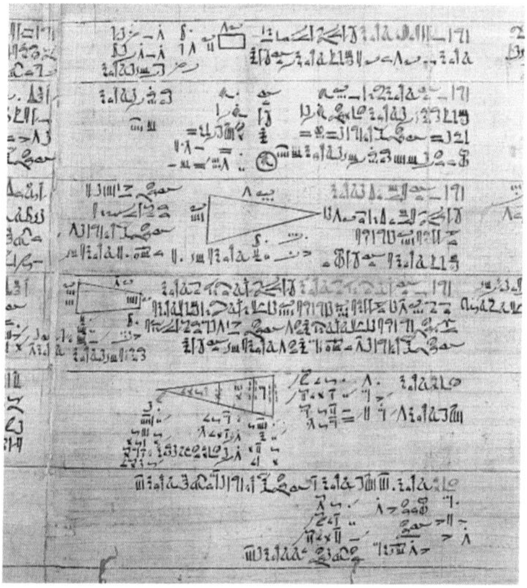

《린드 파피루스》.

가 아닌 수 1을 제외한 2부터 자연수를 순서대로 적는다. 이제 2를 제외한 2의 배수들을 지우고, 같은 방법으로 3을 제외한 3의 배수를 지운다. 이와 같은 방법을 계속하다보면 그 숫자의 차례가 올 때까지 지워지지 않는 수가 있는데 이러한 수들이 소수다.

	2	3	4	5	6	7	8	9	10
11	12	13	14	15	16	17	18	19	20
21	22	23	24	25	26	27	28	29	30
31	32	33	34	35	36	37	38	39	40
41	42	43	44	45	46	47	48	49	50

가우스는 에라토스테네스의 체로 찾은 소수를 보고 자연수의 범위가 더 커짐에 따라 소수가 점점 더 적게 나타난다는 것을 발견했다. 10대에 이미 이러한 사실을 깨달은 가우스는 이것을 다음과 같이 그래프로 나타냈다. 1부터 임의의 숫자 n(x축의 값)까지 소수가 차지하는 비율이 얼마(y축의 값)인지 나타내는 그래프다. 그래프의 세로축은 소수가 나타나는 빈도를, 가로축은 양의 정수가 점점 커짐을 나타낸다.

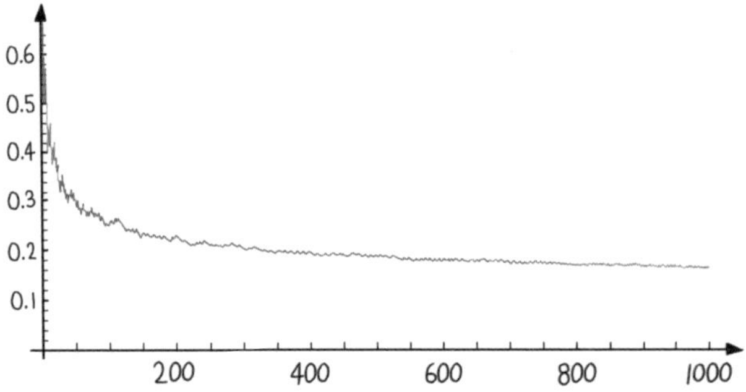

이후 1859년 가우스의 제자인 리만은 〈주어진 수보다 작은 소수의 개수에 관하여〉라는 논문에서 가우스가 생각해낸 소수의 그래프를 다음과 같이 식으로 표현하기도 했다.

$$Li(N) = \int_0^N \frac{1}{\log x} dx$$

복소수의 그래프

두 수를 제곱하면 음수가 되는 수를 허수(i)라고 한다. 특히 $3+2i$와 같이 실수와 허수의 합으로 표현되는 수를 복소수라 한다. 복소수는 일반적으로 $a+bi$라는 형식으로 나타내는데, a는 실수, bi는 허수다. 복소수는 세상의 모든 수를 나타낼 수 있는 수다. 가우스는 '가우스 평면(또는 복소평면, 복소수 평면)'을 발명해 복소수의 위치를 눈으로 볼 수 있는 방법을 생각해냈다.

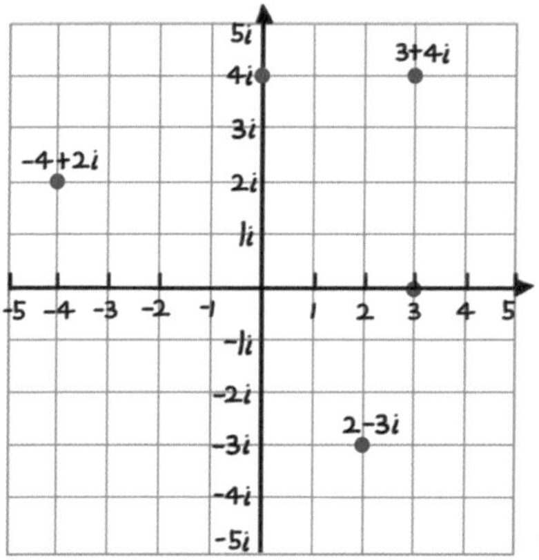

복소수 평면.

사실 복소수 평면에 대한 아이디어를 처음으로 이야기한 수학자는 카스파르 베셀(1745~1818)이다. 베셀은 이 아이디어를 담은 〈방정식의 해석적 표현에 대해〉라는 논문을 1799년 발표했다. 발표 당시 이 논문은 덴마크어로 되어 있어 다른 나라 사람들이 읽을 수가 없었는데, 이후 100년이 지난 1899년 베셀의 논문이 프랑스어로 번역되었다. 하지만 이때는 이미 수학자 가우스가 가우스 평면이라는 용어를 사용한 이후였기 때문에 복소수 평면은 가우스 평면이라고 불리게 되었다.

가우스의 정수론을 비롯해 네이피어의 로그 계산법, 데카르트의 해석기하학 등으로 수학은 실생활 중심에서 점점 추상화되었나. 이러한 배경을 바탕으로 근대 수학은 현대 수학을 준비하게 된다.

수학이 풀리는 수학사 3 **근대**

로그와 미적분, 지구를 넘어 우주의 수학으로

1판 1쇄 발행일 2021년 3월 8일

지은이 김리나

발행인 김학원
발행처 (주)휴머니스트출판그룹
출판등록 제313-2007-000007호(2007년 1월 5일)
주소 (03991) 서울시 마포구 동교로23길 76(연남동)
전화 02-335-4422 **팩스** 02-334-3427
저자·독자 서비스 humanist@humanistbooks.com
홈페이지 www.humanistbooks.com
유튜브 youtube.com/user/humanistma **포스트** post.naver.com/hmcv
페이스북 facebook.com/hmcv2001 **인스타그램** @humanist_insta

편집주간 황서현 **편집** 김해슬 이성근 **디자인** 유주현 **일러스트** 왕인희
조판 홍영사 **용지** 화인페이퍼 **인쇄·제본** 수이북스

ISBN 979-11-6080-579-6 43410